半導体光デバイス

博士(工学)　山口　浩一　著

コロナ社

ま　え　が　き

地球上には光ファイバが張り巡らされ，電磁波が飛び交い，世界中が大規模な情報網でつながっている。いつでも・どこでも・誰とでもコミュニケーションがとれ，大量の情報を伝送し処理する高度情報化社会が実現されてきた。この高度化する情報通信・情報処理システムは，多くの半導体デバイスに支えられている。情報通信のさらなる高度化には，今後も半導体デバイスの進展は必要不可欠である。半導体物質の性質を利用した電子（電子波），光子（光波）の信号の増幅，検出，導波，変調，さらに光・電気のエネルギー変換の機能を実現するためには，半導体の電子物性，光物性の理解と，デバイス構造の設計指針および作製プロセス技術が重要である。

本書では，半導体工学の基礎と光デバイス応用にフォーカスし，これからこの分野を学ぼうとする高専・専攻科生，大学学部生，大学院前期課程生を想定して執筆した。各章における光電子物性やデバイス動作を理解しやすくするため，なるべく多くの図解を導入した。特に，エネルギーバンド図は基本的な理解にたいへん便利である。バンドエンジニアリングという言葉もあるように，エネルギーバンド図は半導体中の電子の位置，波数，運動量，エネルギーの状態をつかみ，光との相互作用やデバイスの動作原理の基本的な理解に役立つ。特に，半導体の各種接合構造はさまざまな光デバイスに応用されており，エネルギーバンド構造はキャリヤの分布や流れなどを考える上で便利である。さらに，新しいデバイス構造のアイデアも創出しやすいことから，エネルギーバンド図を書いて考える習慣を身に付けておくのも有効である。また，本書の内容を理解していく上で，量子力学の学習も同時に進めてもらいたい。最近では，ナノメートルサイズの半導体微小構造を利用した量子デバイスの進展も著しく，量子力学的性質によりデバイス特性の高性能化，高機能化が期待されている。本書でもいくつかの基本的な量子デバイスを紹介している。

本書は本文十章と付録から構成されている。1章では，金属および半導体内の電子状態を表すエネルギーバンド構造について学び，半導体中のキャリヤの伝導電子と正孔の概念を解説する。2章では，真性半導体と不純物をドープした外因性半導体のキャリヤ濃度の解析について説明する。3章では，キャリヤの輸送現象として熱運動，ドリフト効果，拡散現象，そして散乱機構の基礎を学び，キャリヤの輸送を表すキャリヤの連続の式と誘電緩和現象について解説する。4章では，金属からの電子放出として，熱電子放出，電界電子放出，二次電子放出，そして光電子放出について概説する。5章では，光デバイス構造として重要な半導体の接合について解説する。はじめにpn接合のエネルギーバンド構造を学び，電流-電圧特性を理解する。金属-半導体接合としては，特にショットキー接触について説明する。つぎに半導体ヘテロ接合のエネルギーバンド構造を学び，電流-電圧特性を解説する。最後に，量子井戸構造と超格子構造の電子状態について学び，量子井戸構造の状態密度を導出し，その特徴について述べる。6章では，発光・受光デバイスの機構の理解に重要な半導体における，発光と光吸収の光学遷移について説明する。7章では，半導体の発光デバイスとして，発光ダイオード（LED），半導体レーザ，および量子井戸レーザの基本原理，各種構造，および基本特性について解説する。8章では，半導体の受光デバイスとして，光伝導素子，ショットキー接合フォトダイオード，pn接合フォトダイオード，pinフォトダイオード，そしてアバランシェフォトダイオードについて説明する。9章では，pn接合を基本とした太陽電池の基本原理と特性について解説し，高い変換効率の多接合タンデム型太陽電池，中間バンド型太陽電池について紹介する。10章では，半導体光導波路と半導体光変調器について解説する。以上の本書にまとめた半導体光デバイスは，今日のインターネット社会を支える光通信技術や各種の光計測，光信号処理などの分野において広く活用されている。本書では関連する章・節に何度も戻れるように，各章・節間での関連事項の連携性にも注意を払った。ぜひ本書全体を体系的に学んでいただきたい。

冒頭でも述べたように，半導体デバイスの展開は，高度情報化社会を支え，今後も地球・自然環境の保全，自然災害対策，エネルギー・環境問題の改善，安心・安全な社会を持続的に発展させていく上でも重要な役割を担っており，革新的な半導体デバイスの開発が期待されている。本書が，半導体光デバイスの基礎の習得を目指す読者のお役に立てれば幸いである。

最後に，本書の執筆では，著者の大学学部および大学院での講義ノートをベースにした。本書の図表や式の作成にご協力いただいた研究室の学生，および秘書の福地真実氏に感謝申し上げる。本書の執筆の機会をくださり，出版まで辛抱強くお世話をいただいたコロナ社に厚く御礼申し上げる。

2020年6月

山口　浩一

目　　　　次

1.　固体内の電子状態・エネルギーバンド構造

2.　半導体のキャリヤ

3.　キャリヤの輸送現象

4.　金属からの電子放出

5.　半導体の接合

6.　半導体における発光と光吸収

7.　発 光 デ バ イ ス

8. 受光デバイス

9. 太 陽 電 池

10. 半導体の光導波路・光変調器

1 固体内の電子状態・エネルギーバンド構造

固体中の電子の状態を考える前に，1.2節でその基本となる真空中の電子および水素原子の電子状態について復習する。固体中の電子状態については，1.3節〜1.4節で金属について考え，1.5節〜1.7節では金属の場合と比較しながら半導体について考える。

1.1 は じ め に

固体中の電子の状態を考える前に，その基本となる真空中の電子および水素原子の電子状態について復習する。電子は古典論では「粒子性」を示し，量子論では「波動性」を示す二重性がある。この電子の波（物質波）のことを**ド・ブロイ波**（de Broglie wave）という。電子の状態を知るということは，3次元結晶中の電子の位置ベクトル $\boldsymbol{r}$（座標空間 (x,y,z)）と波数ベクトル $\boldsymbol{k}$（波数空間 (k_x, k_y, k_z)）を知ることである。電子の波数 k（$= 2\pi/\lambda$）がわかれば，その波数に対するエネルギー E がわかり，電子の状態を表す便利な二つのエネルギーバンド図を描いて考えることができる。一つは縦軸を電子のエネルギー，横軸を電子の位置座標としたエネルギーバンド図で，もう一つは **E-k 分散関係**，つまり縦軸を電子のエネルギー，横軸を電子の波数としたエネルギーバンド図である。また，電子の運動量 p と波数 k の関係は，**プランク定数**（Plank constant）h（$= 6.625 \times 10^{-34}$ J·s）を用いた**ド・ブロイの関係式**（de Broglie relation）と呼ばれる式(1.1)で表される。横軸の波数にプランク定数（$\hbar = h/2\pi$）を掛けることで運動量 p と置き換えられ，E-p のバンド図となる。ちなみに，光は古典論では電磁波であり，量子論では光子（photon）と呼ばれる粒子性を示し，エネルギー E と振動数 ν（$=\omega/2\pi$）の関係は，やはりプランク定数 h を用いた**アインシュタインの関係式**（Einstein relation）と呼ばれる式 (1.2) で表される。

$$p = \frac{h}{\lambda} = \hbar k \tag{1.1}$$

$$E = h\nu = \hbar\omega \tag{1.2}$$

はじめに真空中の自由電子，水素原子の電子状態について述べ，つぎに固体内の電子状態について学ぶ。固体物質は電気伝導度により導体，半導体，絶縁体に分類されるが，これらの固体内の電子のエネルギー E と波数 k の関係を調べることにより，その電気伝導の理解も深まる。

1.2　真空中の電子と水素原子の電子

素電荷 $-e$（$= -1.602 \times 10^{-19}$ C）をもつ電子の真空中における振舞いは，質量 m_0（$= 9.1 \times 10^{-31}$ kg）をもち，誘電率 ε_0（$= 8.85 \times 10^{-12}$ F/m）の媒質中での運動を考えることになる。**図 1.1** の電子銃について真空中の電子の運動を考える。タングステン（W）のフィラメントに電流を流し，高温に加熱されたWから熱的に放出された電子（熱電子）が，グリッドを通して出て来たところを陽極Aに印加された加速電圧 V〔V〕によって加速され，陽極Aのピンホールから電子ビームが放射される。その電子の運動エネルギーは式 (1.3) で表される。よって式 (1.1) より電子の波長 λ を式 (1.4) より求めることができる。ここで，フィラメントから熱放出された直後の電子の熱エネルギーは無視した。

$$\frac{1}{2} m_0 v^2 = \left(\frac{1}{2m_0}\right)\left(\frac{h}{\lambda}\right)^2 = eV \tag{1.3}$$

$$\lambda = \frac{h}{(2m_0 eV)^{1/2}} \tag{1.4}$$

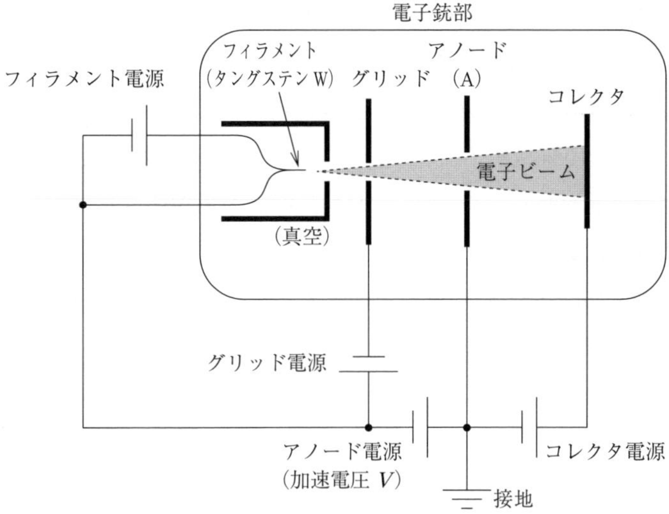

図 1.1　電子銃における電子の運動

電子波の状態を調べるには，電子波の運動方程式である**シュレーディンガー波動方程式**（Schrödinger equation）（付録 A.1）を解き，電子の**波動関数**（wave function）ψ を解くことによって知ることができる。ここでは，真空中の自由空間を考えるためにポテンシャルエネルギー $V(x)$ を一定（簡単のために零）として，式 (1.5) に示す 1 次元のシュレーディンガー波動方程式を解いてみる。

$$-\frac{\hbar^2}{2m_0}\frac{\mathrm{d}^2\psi}{\mathrm{d}x^2} + V(x)\psi = E\psi \tag{1.5}$$

式 (1.5) の一般解は，積分定数を A, B として

$$\psi(x) = Ae^{ikx} + Be^{-ikx} \tag{1.6}$$

となり，エネルギー E と波数 k の関係は式 (1.7) となる。

$$E = \frac{\hbar^2 k^2}{2m_0} \tag{1.7}$$

式 (1.6) の波動関数に時間因子 $\exp(-i\omega t)$ を入れて，また位相速度 $v = \omega/k$ より

$$\psi(x) = Ae^{i(kx-\omega t)} + Be^{-i(kx+\omega t)} = Ae^{ik(x-vt)} + Be^{-ik(x+vt)} \tag{1.8}$$

と表される。右辺第 1 項は $+x$ 方向に位相速度 v で進む進行波を表し，第 2 項

は $-x$ 方向に同じ位相速度 v で進む進行波を表している。したがって，自由空間の x 方向に伝搬する電子波の状態は，波数 $\boldsymbol{k}$ で指定された定常状態では，電子の存在確率を表す波動関数の絶対値の 2 乗 $|\psi|^2$ は，逆に x 方向の空間に一様に広がった不定状態となる。このことは，電子の波数と位置座標の間の**不確定性原理**（uncertainty principle）（付録 A.2）でも説明される。

以上より，波動関数は式 (1.9) で表され，自由空間中の電子のエネルギー E と波数 $\boldsymbol{k}$ の関係は式 (1.7) となり，**図 1.2** に示すように，電子のエネルギーは波数に対し連続的な放物線関数状となる。

$$\psi(x,t) = A\mathrm{e}^{i(kx-\omega t)} \quad \text{または} \quad \psi(x) = A\mathrm{e}^{ikx} \tag{1.9}$$

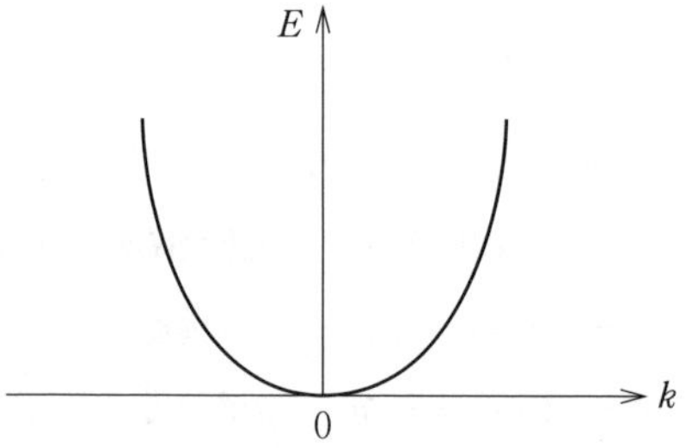

図 1.2　自由空間における電子のエネルギー（E）と波数（k）の関係

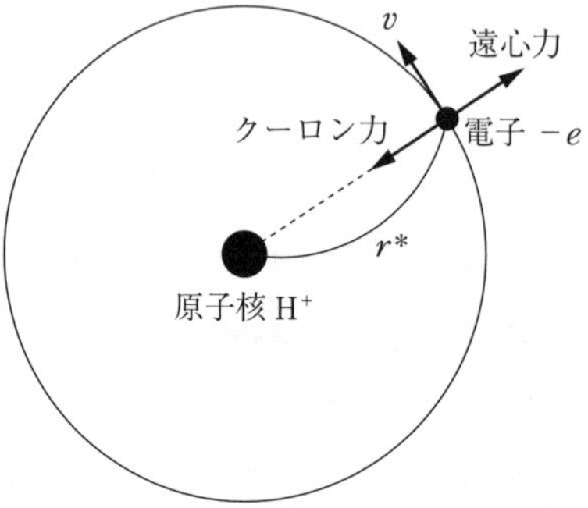

図 1.3　水素原子モデル（古典的モデル）

つぎに，水素原子の電子状態について考える。古典的には，**図 1.3** に示すように，原子核の周りの軌道を速度 v で回る電子の運動を考えることになり，式 (1.10) で示すように，電子は原子核によるクーロン力と遠心力の釣合いで決まる軌道を描くことになる。

$$(\text{遠心力}) \quad \frac{m_0 v^2}{r^*} = \left(\frac{1}{r^* m_0}\right)\left(\frac{h}{\lambda}\right)^2 = \frac{e^2}{4\pi\varepsilon_0 r^{*2}} \quad (\text{クーロン力}) \tag{1.10}$$

ここで量子論を適用して，この半径 r^* の軌道上に電子波が存在するには，周回する電子波の位相がそろい，打ち消し合わずに波の状態を保つ条件（量子化条件）を満足する必要がある。つまり，$2\pi r^*$ の円周上に電子の波長 λ の整数倍の波がちょうど乗る条件の式(1.11)となり，その定在波だけが存在することになる。

$$2\pi r^* = n\lambda \qquad (n = 1, 2, 3, \ldots) \tag{1.11}$$

式(1.10)と式(1.11)より軌道半径 r^* を導くと，式(1.12)のようになる。この半径を**ボーア半径**（Bohr radius）という。

$$r^* = \frac{\varepsilon_0 h^2 n^2}{\pi m_0 e^2} \tag{1.12}$$

このボーア半径の軌道にある電子のエネルギーを求めてみる。電子の運動エネルギーは式(1.13)，ポテンシャルエネルギーは式(1.14)でそれぞれ表され，全エネルギー E は式(1.15)となる。

$$(\text{運動エネルギー})\quad \frac{1}{2}m_0 v^2 = \frac{m_0 e^4}{8{\varepsilon_0}^2 h^2 n^2} \tag{1.13}$$

$$(\text{ポテンシャルエネルギー})\quad -\frac{m_0 e^4}{4{\varepsilon_0}^2 h^2 n^2} \tag{1.14}$$

$$(\text{全エネルギー})\quad E = \frac{m_0 e^4}{8{\varepsilon_0}^2 h^2 n^2} - \frac{m_0 e^4}{4{\varepsilon_0}^2 h^2 n^2} = -\frac{m_0 e^4}{8{\varepsilon_0}^2 h^2 n^2} \tag{1.15}$$

このエネルギーは原子核から電子を切り離すのに必要なイオン化エネルギーに相当する。水素原子の場合はボーア半径が小さく，原子に強く束縛されているため，イオン化エネルギーも 13.6 eV と大きな値となる。

ここで，n は**主量子数**で，$n = 1$ の軌道が K 殻，$n = 2, 3, 4, \ldots$ はそれぞれ L, M, O, …殻に対応する。ただし，電子が原子核の周りをクーロン力で運動する軌道は，実際には円軌道ではなく，楕円軌道となり，電子のエネルギーを表すには，原子核からの距離の他に，軌道角運動量の大きさを表す量子数（**方位量子数** l）が必要になってくる。l は一つの主量子数 n に対して，$l = 0, 1, 2, \ldots, n-1$ の n 個の量子数をとり，$l = 0, 1, 2, 3$ に対応してそれぞれ **s, p, d, f 軌道**と呼ばれている。**図 1.4** には，孤立した水素原子のポテンシャルエネルギーと各エネルギー準位を示すが，同じ主量子数 $n = 1$（K 殻）でも方位量子数 $l = 0, 1$ の s 軌道と p 軌道のエネルギー準位もわずかに異なってくる。また，主量子数，方位量子数の他に，電荷をもつ電子の運動による磁気能率を表す**磁**

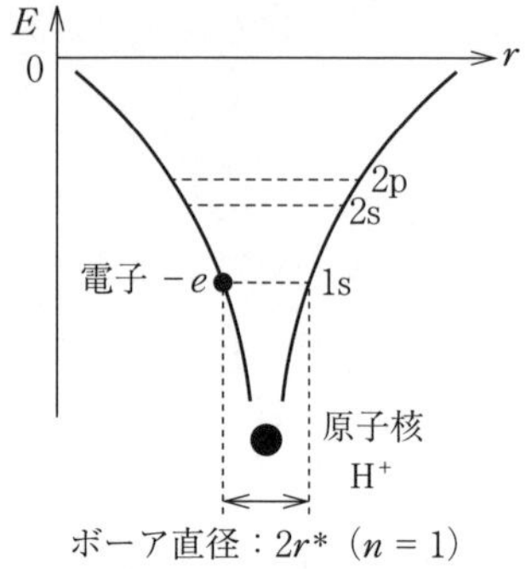

図 1.4　水素原子のポテンシャルエネルギーと電子状態

気量子数 m とさらに電子の自転による**スピン量子数** s とがあり，一つの磁気量子数に対して $s = +1/2$，$s = -1/2$ の二つの量子数をとる。したがって，原子番号の異なる原子内の電子は，以上の n, l, m, s の四つの量子数で決まるエネルギー準位の低いほうから，**パウリの排他律**（Pauli exclusion principle）に従って一つの量子状態に 1 個の電子が占有していくことになる。

1.3　金属内の自由電子

金属の代表的な物質であるナトリウム（Na）結晶を考える。Na 原子は原子番号 11（11 個の電子）で，最外殻の 3s 軌道に 1 個の電子がある（**図 1.5**(a)）。物質の性質を考える上では，その原子の周囲との相互作用を及ぼしやすい最外殻電子（価電子）の状態が特に重要となる。Na 原子同士が結合した 1 次元配列の Na 結晶のポテンシャルエネルギーの分布を図 (b) に示す。Na 原子間のポテンシャル障壁は，両側の Na 原子核からのポテンシャルエネルギーの重なりによって低下し，周期的なポテンシャル分布となる。個々の Na 原子からの 3s 軌道の最外殻電子は，この周期ポテンシャルの障壁よりも高いエネルギー状態となり，ポテンシャル障壁の影響を受けずに結晶内を自由に行き来できる電子波となる。このことが金属内の電子が自由電子のように振る舞うことの理由である。

この金属の最外殻電子に対する周期ポテンシャルは，図 1.5 (b) や**図 1.6** に

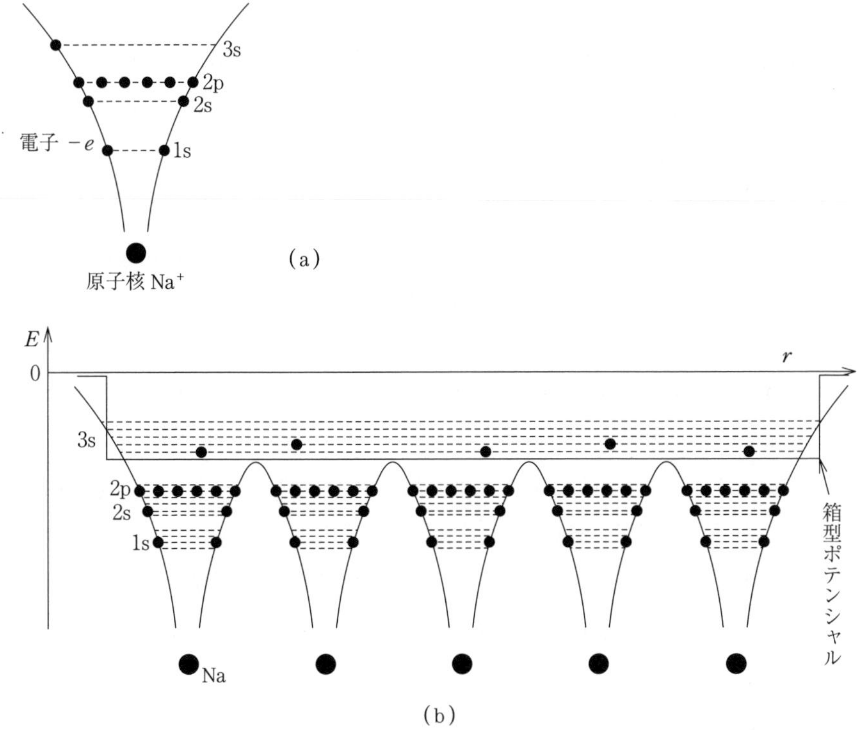

図 1.5　孤立 Na 原子の電子のポテンシャルエネルギー (a), Na 結晶の周期ポテンシャルと箱型ポテンシャル近似 (b)

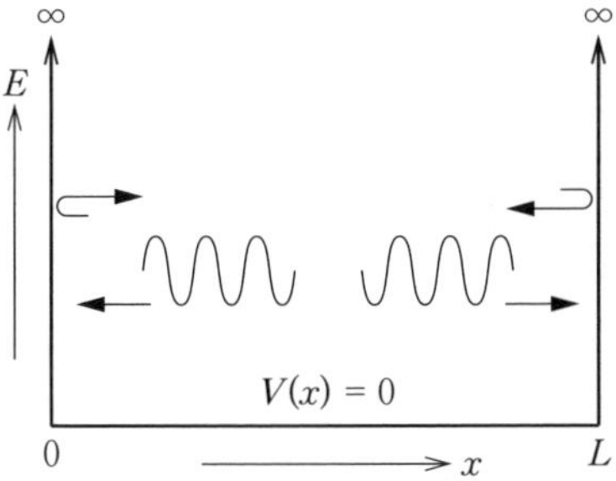

図 1.6　エネルギー障壁が無限大の箱型ポテンシャル内に束縛された電子波

示すように箱型ポテンシャルでしばしば近似される。この箱型ポテンシャルの両端のエネルギー障壁の高さを無限大とした 1 次元の金属結晶（長さ L）内に閉じ込められた電子波の状態を考えてみる。電子の質量を m, ポテンシャル

エネルギー $V(x) = 0$ として，式 (1.5) の 1 次元のシュレーディンガー波動方程式を $0 \leqq x \leqq L$ の領域で解くと，定常状態における波動関数 $\psi(x)$ の一般解は，真空中と同様に式 (1.6) で表される。式 (1.6) の第 1 項は x の正方向に進む波を表し，第 2 項は x の負方向へ進む波を表す。真空中と異なる点は，これらの二つの電子の進行波がそれぞれ両端のエネルギー障壁で反射され，しかも両端のエネルギー障壁の高さが無限大であるため，透過波成分は零となり，箱型ポテンシャル内では正負の反対方向に進む波の重ね合わせで得られる定在波となる。よって，このときの波動関数の境界条件は式 (1.16) となり，波動関数の一般解である式 (1.6) の積分定数 A, B は，この境界条件の式 (1.16) より求められる。

$$x = 0 : \psi(0) = 0, \qquad x = L : \psi(L) = 0 \tag{1.16}$$

つまり，$\psi(0) = 0$ より $A = -B$ が求まり，式 (1.6) は $\psi(x) = A\{e^{ikx} - e^{-ikx}\} = 2Ai\sin(kx)$ となるため，$\psi(L) = 0$ を代入することで $\psi(L) = 2Ai\sin(kL) = 0$ となる。よって，$A = 0$ でない電子の波数 k は $kL = n\pi$（$n = 0, \pm 1, \pm 2, \pm 3, \ldots$）の条件を満たさなければならず，式 (1.17) で表される波数 k の値が許されることになり，離散的な値をとることがわかる。

$$k = \frac{n\pi}{L} \qquad (n = 0, \pm 1, \pm 2, \pm 3, \ldots) \tag{1.17}$$

また，式 (1.6) の波動関数 $\psi(x)$ を式 (1.5) のシュレーディンガー波動方程式に代入しても得られるように，金属中の電子のエネルギー E と波数 k の分散関係は，真空中の式 (1.7) と同様に表され，波数 k の式 (1.17) を代入することで式 (1.18) となる。また，3 次元の結晶内 (L_x, L_y, L_z) では式 (1.19) で表され，電子の状態は n_x, n_y, n_z の整数値で決まる離散的な波数 k_x, k_y, k_z と離散的なエネルギー E で表される。

$$E = \frac{\hbar^2 k^2}{2m} = \frac{\pi^2 \hbar^2}{2m}\left(\frac{n}{L}\right)^2 \tag{1.18}$$

$$E = \frac{\hbar^2}{2m}({k_x}^2 + {k_y}^2 + {k_z}^2) = \frac{\pi^2\hbar^2}{2m}\left\{\left(\frac{n_x}{L_x}\right)^2 + \left(\frac{n_y}{L_y}\right)^2 + \left(\frac{n_z}{L_z}\right)^2\right\}$$
$$(n_x, n_y, n_z = 0, \pm 1, \pm 2, \ldots) \qquad (1.19)$$

したがって，1次元の金属結晶内の電子のエネルギー E と波数 k_x の分散関係は**図 1.7** のように示される。前述したように，波数は離散的な値をとるが，格子間隔 a で N 個の格子が配列した結晶の長さ L（$= Na$）の通常の金属結晶では，格子数 N が非常に大きい値のため，隣接する電子の状態間（$\Delta n = 1$）の波数間隔（$\Delta k = \pi/L$）は非常に狭く，波数 k の状態は擬似連続的であると見なせる。以上のように，金属結晶内の電子の波数に対するエネルギーは，波数の増加に対して2次関数的に増大し，許容される電子の状態は擬似連続的で，禁制されるエネルギーバンドはないことがわかる。このことは，後で述べる半導体や絶縁体のエネルギーバンド構造と大きく異なる点である。

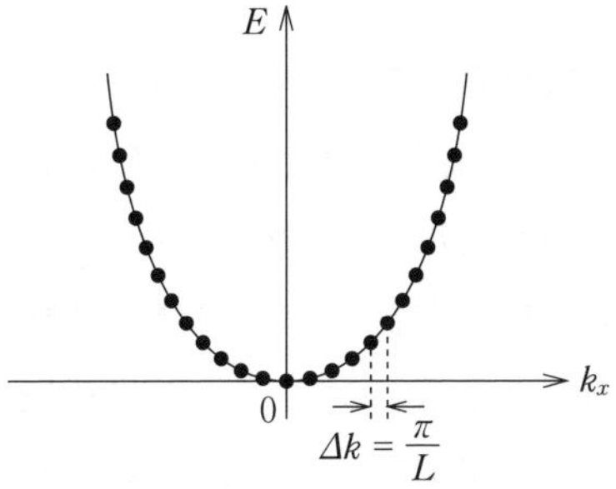

図 1.7　金属結晶中の電子のエネルギーと波数の関係

つぎに，式 (1.18) の E-k 分散関係から金属内の電子波についてさらに考察してみる。式 (1.18) の $E = \hbar^2k^2/2m$ を波数 k について1階微分をとると，式 (1.20a) のように電子波の群速度 v_{g} が得られ，また2階微分をとって変形すると，式 (1.20b) のように電子の質量 m を得ることができる。

$$v_{\mathrm{g}} = \frac{\mathrm{d}\omega}{\mathrm{d}k} = \frac{1}{\hbar}\frac{\mathrm{d}E}{\mathrm{d}k} \qquad (1.20\mathrm{a})$$

$$\frac{\mathrm{d}^2E}{\mathrm{d}k^2} = \frac{\hbar^2}{m} \quad \text{よって} \quad m = \frac{\hbar^2}{\mathrm{d}^2E/\mathrm{d}k^2} \qquad (1.20\mathrm{b})$$

以上より，**図 1.8** に金属内の電子波のエネルギーと波数の関係 (a)，群速度と

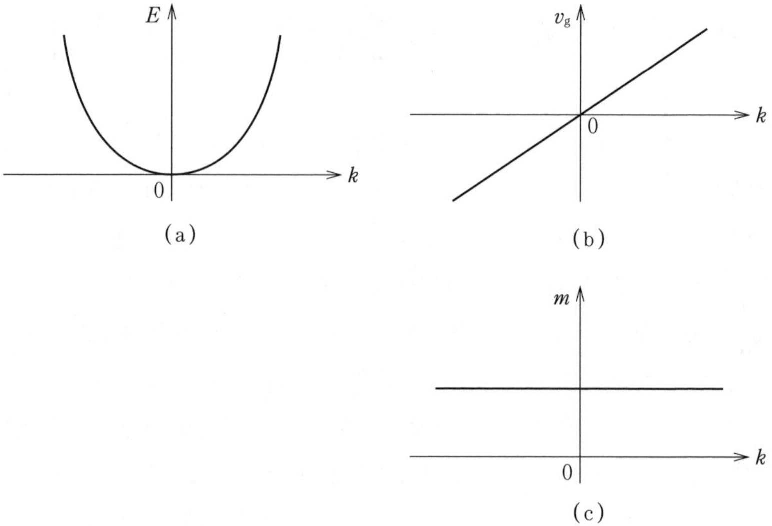

図 1.8　金属結晶中の波数に対する電子のエネルギー (a)，群速度 (b)，質量 (c) の関係

波数の関係 (b)，そして質量と波数の関係 (c) をまとめて示す。ただし，前述したように波数 k の値は擬似連続的として線状に表した。金属結晶中の電子のエネルギーは波数の増加に対して放物線関数状に増加するので，その微分係数は波数に対して線形的に増加するため群速度も波数に比例して増加する。また，群速度は波数に対して一定の微分係数を示すので，さらにその微分係数に比例する質量は，波数に依存せず一定値を示すことになる。このように金属中の電子は，原子核の周期的なポテンシャルを感じないために真空中の自由電子のように振る舞うのである。

1.4　金属内の電子のエネルギー分布

金属結晶中の電子の波動とエネルギーの関係は図 1.8 (a) で示され，電子の取り得るエネルギーは波数に対して擬似連続的であり，電子の状態が許されない禁制帯は存在せず，連続的なエネルギーバンド構造であった。本節では，金属内の電子の状態密度のエネルギー分布を考え，その状態にどのように電子が占有しているか，電子のエネルギー分布について考える。

長さ L（$= L_x = L_y = L_z$）の3次元の金属結晶で，図1.6に示すようなエネルギー障壁が無限大の箱型ポテンシャル内の電子のエネルギー E と波数 (k_x, k_y, k_z) の関係は式(1.19)で表され，その波数空間は**図1.9**のようになる。ここで，図1.7で考えたように隣接する波数の間隔は $\Delta k = \pi/L$ なので，3次元の k 空間における電子状態1個分の体積は $(\pi/L)^3$ となる。エネルギー $E \sim E + \mathrm{d}E$ における電子の状態数は，エネルギー E での**状態密度**（density of states）を $D(E)$ とすると，$E \sim E + \mathrm{d}E$ の範囲の電子の波数空間の体積 $4\pi k^2 \mathrm{d}k$ を状態1個分の体積 $(\pi/L)^3$ で割ることで求まる。ただし，一つの状態に2種類の電子スピンが占有できるので2倍すると，式(1.21)となる。式(1.21)と式(1.7)から単位体積当りの状態密度 $D(E)$ を導出すると式(1.22)が得られ，状態密度は電子のエネルギーの平方根に比例することがわかる。

$$D(E)\mathrm{d}E = 2\frac{4\pi k^2 \mathrm{d}k}{(\pi/L)^3} \tag{1.21}$$

$$D(E) = 4\frac{(2m)^{3/2}}{\pi^2 \hbar^3} E^{1/2} \tag{1.22}$$

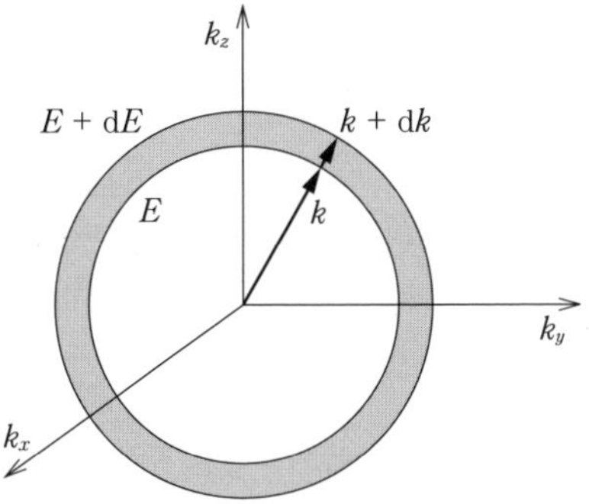

図1.9 3次元の金属結晶における電子の波数空間（電子のエネルギー $E \sim E + \mathrm{d}E$）

電子の状態密度 $D(E)$ のエネルギー分布を**図1.10**(a)に示す。エネルギー E の状態に占有する電子密度 $n(E)$ は，式(1.23)のようにエネルギー E に対する電子の状態密度 $D(E)$ と占有確率 $f(E)$ の積で求められる。この $f(E)$ は**フェルミ・ディラック分布関数**（Fermi-Dirac distribution function）と呼ばれ，式(1.24)

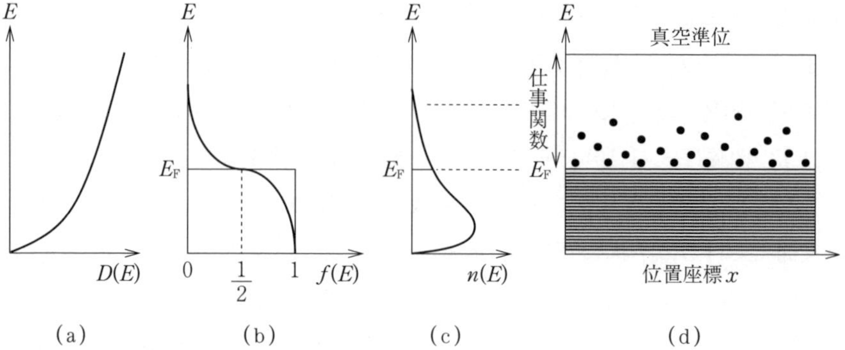

図 1.10　金属中の電子の状態密度 (a)，フェルミ・ディラック分布関数 (b)，エネルギー分布 (c)，エネルギーバンド図 (d)

で表され，図 (b) のように示される。ここで k_B は**ボルツマン定数**（Boltzmann constant）である。よって，全電子の占有するエネルギー分布は，式 (1.23) をエネルギー 0〜∞にわたって積分することで求められ，図 (c) のようになる。絶対零度（$T = 0$）では，電子の占有できる最高のエネルギー準位 E_F を**フェルミ準位**（Fermi level）と呼び，E_F 以下のエネルギー準位には確率 1 で必ず電子が占有することになる。有限温度 T ではフェルミ準位での存在確率はつねに 1/2 となり，温度上昇によってフェルミ準位以上の高いエネルギー状態での電子の存在確率は増し，逆にフェルミ準位以下の低いエネルギー状態の電子の存在確率は低下する。

$$n = \int n(E)\mathrm{d}E = \int D(E)f(E)\mathrm{d}E \tag{1.23}$$

$$f(E) = \frac{1}{1 + \exp\{(E - E_F)/k_B T\}} \tag{1.24}$$

一様な金属中の電子の位置座標に対するエネルギーバンド図を描くと図 (d) のようになる。金属結晶の外に出るのに必要な電子のエネルギーである真空準位を基準（最大）として，それ以下のエネルギーの電子状態は連続的に存在し，図 (c) で示すような電子のエネルギー分布が x 方向について一様に存在することになる。フェルミ準位 E_F から真空準位までのエネルギー差を**仕事関数**（work function）と呼び，この値は金属材料の種類によって異なる。仕事関数の値が小さいほど，その金属から真空中へ電子を取り出しやすいことになる。

1.5　半導体結晶内の電子状態

半導体の代表的な材料であるシリコン（Si）結晶中の電子状態を考える。Si は原子番号 14 で，最外殻の電子は 4 個，3s 軌道に 2 個，3p 軌道に 2 個の電子がある。その Si 原子が隣同士の Si 原子と共有結合することで安定したダイヤモンド（diamond）構造（付録 A.3）の Si 結晶となる。この Si 結晶の周期的に配列した Si 原子核がつくる周期ポテンシャルは**図 1.11** (a) のようになり，最外殻の 4 個の電子（価電子）はすべて周期ポテンシャルの中にあり，周期ポテンシャルより上にある金属の場合と異なる。したがって，半導体中の電子波の状態は，式 (1.5) のシュレーディンガー波動方程式の第 2 項の周期ポテンシャル $V(x)$ を有限の値として解くことになる。図 (b) に示すように，周期ポテンシャルを矩形状に簡略化して解析する方法を**クローニッヒ・ペニーモデル**

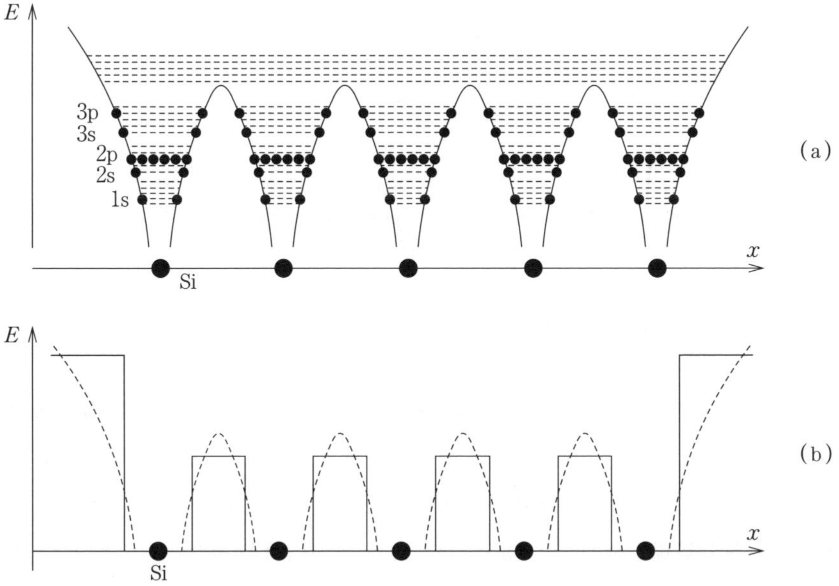

図 1.11　Si 結晶の電子のポテンシャルエネルギー (a)，矩形型の周期ポテンシャル (b)

（Kronig-Penny model）と呼び，以下にその解法を述べる。

格子間隔 a の 1 次元の周期ポテンシャル中の電子の波動関数の一般解は，式 (1.25a) の**ブロッホ関数**（Bloch function）$\psi_k(x)$ で表せる**ブロッホの定理**（Bloch's theory）を用いて解くと便利である。3 次元結晶（位置ベクトル $\boldsymbol{r}$）の場合は，結晶格子ベクトル $\boldsymbol{T}$ とすると式 (1.25b) で表される。この 1 次元のブロッホ関数 $\psi_k(x)$ の電子波は，例えば**図 1.12** に示すように，進行波 e^{ikx} を結晶格子の周期関数 $U_k(x)$ で変調した波であり，この $U_k(x)$ は波数 k の値ごとに定められる。

$$
\begin{aligned}
&(1\text{ 次元})\quad \psi_k(x) = U_k(x)e^{ikx}\\
&\qquad\qquad\ U_k(x) = U_k(x+na) \qquad (n = \pm 1, \pm 2, \pm 3, \ldots) \qquad (1.25\text{a})
\end{aligned}
$$

$$
\begin{aligned}
&(3\text{ 次元})\quad \psi_k(\boldsymbol{r}) = U_k(\boldsymbol{r})e^{ik\boldsymbol{r}}\\
&\qquad\qquad\ U_k(\boldsymbol{r}) = U_k(\boldsymbol{r}+\boldsymbol{T}) \qquad (1.25\text{b})
\end{aligned}
$$

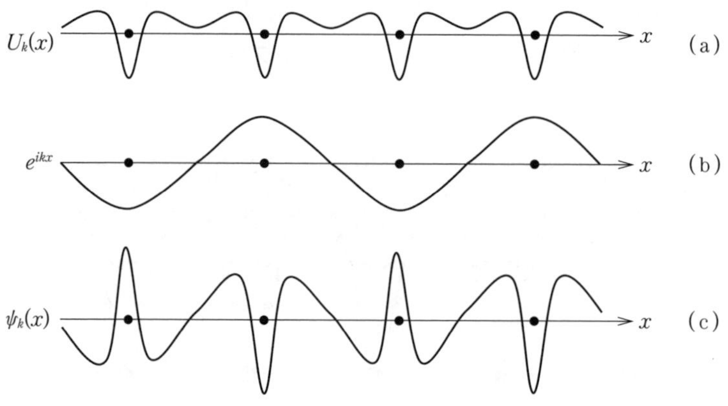

図 1.12　1 次元のブロッホ関数（ブロッホ係数 $U_k(x)$ (a)，進行波 e^{ikx} (b)，ブロッホ関数 $\psi_k(x)$ (c)）

図 1.11 (b) のクローニッヒ・ペニーモデルのポテンシャルを**図 1.13** のように表し，1 次元のシュレーディンガー波動方程式 (1.5) を変形した式 (1.26) として解く。ここで，半導体結晶中の電子の質量は自由電子の質量とは異なり，後述する**有効質量**（effective mass）m^* を使う。図 1.13 の領域 I（$0 \leqq x \leqq a$）では，ポテンシャルエネルギー $V(x) = 0$ であるから，式 (1.26) は式 (1.27)

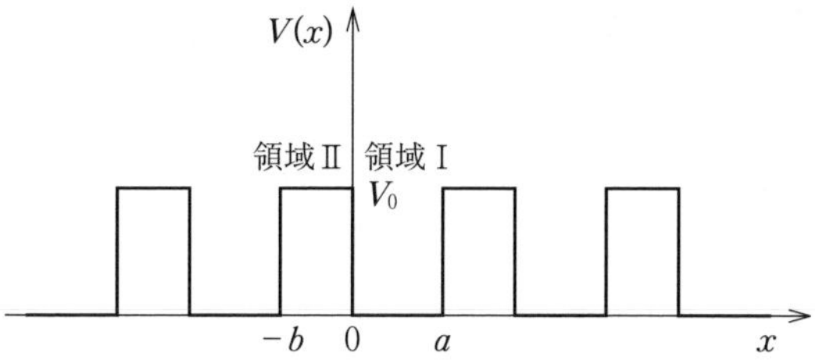

図 1.13 クローニッヒ・ペニーモデルの周期ポテンシャル

で表される。

$$-\frac{\hbar^2}{2m^*}\frac{\mathrm{d}^2\psi}{\mathrm{d}x^2} + V(x)\psi = E\psi \tag{1.26}$$

$$-\frac{\hbar^2}{2m^*}\frac{\mathrm{d}^2\psi}{\mathrm{d}x^2} = E\psi \tag{1.27}$$

同様に，領域 II（$-b \leqq x < 0$）では $V(x) = V_0$ とおいて，式 (1.28) となる。

$$-\frac{\hbar^2}{2m^*}\frac{\mathrm{d}^2\psi}{\mathrm{d}x^2} + V_0\psi = E\psi \tag{1.28}$$

ここで $V(x) = V(x + na)$ であるので，ブロッホの定理より式 (1.27) と式 (1.28) の解は式 (1.25a) の形でなければならない。よって，式 (1.25a) を式 (1.27) と式 (1.28) にそれぞれ代入すると式 (1.27)′ と式 (1.28)′ となり，ブロッホ関数の係数 U_k に関する 2 階線形微分方程式となる。

$$\frac{\mathrm{d}^2U_k(x)}{\mathrm{d}x^2} + 2ik\frac{\mathrm{d}U_k(x)}{\mathrm{d}x} + \left(\frac{2m^*E}{\hbar^2} - k^2\right)U_k(x) = 0 \tag{1.27$'$}$$

$$\frac{\mathrm{d}^2U_k(x)}{\mathrm{d}x^2} + 2ik\frac{\mathrm{d}U_k(x)}{\mathrm{d}x} - \left\{\frac{2m^*}{\hbar^2}(V_0 - E) + k^2\right\}U_k(x) = 0 \tag{1.28$'$}$$

したがって，領域 I と領域 II における解 $U_k^{\mathrm{I}}(x)$ と $U_k^{\mathrm{II}}(x)$ は，それぞれ以下の式となる。

$$U_k^{\mathrm{I}}(x) = A\mathrm{e}^{i(\alpha - k)x} + B\mathrm{e}^{-i(\alpha + k)x} \tag{1.29}$$

$$U_k^{\mathrm{II}}(x) = C\mathrm{e}^{(\beta - ik)x} + D\mathrm{e}^{-(\beta + ik)x} \tag{1.30}$$

ここで，$\alpha = (2m^*E)^{1/2}/\hbar$，$\beta = \{2m^*(V_0 - E)\}^{1/2}/\hbar$ とおいた。A, B, C, D は積分定数で，以下のように境界条件から求められる。つまり，図 1.13 の $x=0$

では $U_k^{\mathrm{I}}(x)$ と $U_k^{\mathrm{II}}(x)$ はなめらかに接続しなければならないので式 (1.31) となり，また $U_k^{\mathrm{I}}(x)$ と $U_k^{\mathrm{II}}(x)$ は周期関数であるため，$x = -b$ と $x = a$ においても同様に式 (1.32) の境界条件を満足しなければならない。

$$U_k^{\mathrm{I}}(0) = U_k^{\mathrm{II}}(0) \tag{1.31a}$$

$$\left.\frac{\mathrm{d}U_k^{\mathrm{I}}(x)}{\mathrm{d}x}\right|_{x=0} = \left.\frac{\mathrm{d}U_k^{\mathrm{II}}(x)}{\mathrm{d}x}\right|_{x=0} \tag{1.31b}$$

$$U_k^{\mathrm{I}}(a) = U_k^{\mathrm{II}}(-b) \tag{1.32a}$$

$$\left.\frac{\mathrm{d}U_k^{\mathrm{I}}(x)}{\mathrm{d}x}\right|_{x=a} = \left.\frac{\mathrm{d}U_k^{\mathrm{II}}(x)}{\mathrm{d}x}\right|_{x=-b} \tag{1.32b}$$

以上四つの境界条件の式に，$U_k^{\mathrm{I}}(x)$ と $U_k^{\mathrm{II}}(x)$ の解の式 (1.29) と式 (1.30) をそれぞれ代入すると，つぎの四つの式が得られる。

$$A + B = C + D \tag{1.33a}$$

$$i(\alpha - k)A - i(\alpha + k)B = (\beta - ik)C - (\beta + ik)D \tag{1.33b}$$

$$A\mathrm{e}^{i(\alpha - k)a} + B\mathrm{e}^{-i(\alpha + k)a} = C\mathrm{e}^{-(\beta - ik)b} + D\mathrm{e}^{(\beta + ik)b} \tag{1.33c}$$

$$\begin{aligned} &i(\alpha - k)A\mathrm{e}^{i(\alpha - k)a} - i(\alpha + k)B\mathrm{e}^{-i(\alpha + k)a} \\ &= (\beta - ik)C\mathrm{e}^{-(\beta - ik)b} - (\beta + ik)D\mathrm{e}^{(\beta + ik)b} \end{aligned} \tag{1.33d}$$

$A = B = C = D = 0$ 以外の $U_k^{\mathrm{I}}(x)$ と $U_k^{\mathrm{II}}(x)$ の解は，式 (1.33a)〜(1.33d) の右辺を左辺に移項して得られた A, B, C, D の係数の行列式が 0 となるときに限られる。よって，この条件から式を整理すると式 (1.34) の関係式が得られ，この式を満足するエネルギー E と波数 k の値が電子の状態として許されることになる。

$$\frac{\beta^2 - \alpha^2}{2\alpha\beta}\sinh(\beta b)\sin(\alpha a) + \cosh(\beta b)\cos(\alpha a) = \cos\{k(a + b)\} \tag{1.34}$$

式 (1.34) を簡単にするために，ポテンシャル障壁を δ 関数となる極限 ($V_0 \to \infty$，$b \to 0$) で考えると，$\beta b \propto V_0 b/(V_0)^{1/2} \to 0$ となり，$\sinh(\beta b) \cong \beta b$，$\cosh(\beta b) \cong 1$ と近似できる。また $\beta \geqq \alpha$ なので式 (1.35) となるので，式 (1.36) のように P でまとめて表すと，式 (1.34) は式 (1.37) のように簡単化され，この式を満足するエネルギー E が許されることになる。

$$\frac{\beta^2 - \alpha^2}{2\alpha\beta}\sinh(\beta b) \cong \beta b \cong \frac{2m^* V_0 b}{\hbar^2} = (\text{一定}) \tag{1.35}$$

$$p = \frac{m V_0 ba}{\hbar^2} \tag{1.36}$$

$$p\frac{\sin(\alpha a)}{\alpha a} + \cos(\alpha a) = \cos(ka) \tag{1.37}$$

式 (1.37) の左辺を αa の関数としてグラフ化すると**図 1.14** のようになる，ここで式 (1.37) の右辺の $\cos(ka)$ の値は $-1\sim1$ の間しかとれないので，左辺の値も $-1\sim1$ となる領域のみが許され，その領域の αa の値（横軸）だけが許されることになる。

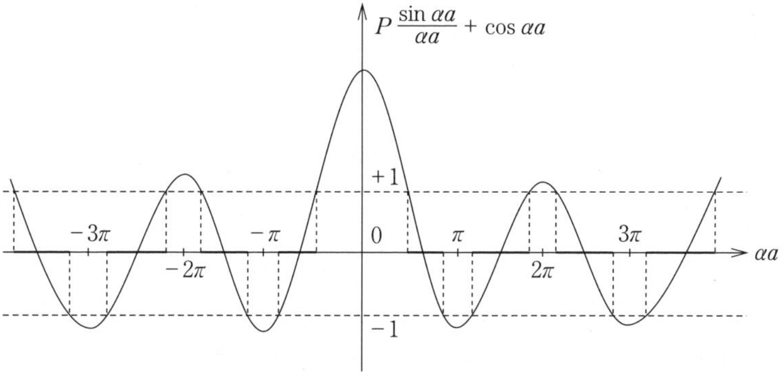

図 1.14　式 (1.37) のグラフによる解析

したがって，式 (1.29) と式 (1.30) の $\alpha = (2m^*E)^{1/2}/\hbar$ からエネルギー $E = \hbar^2\alpha^2/2m^*$ となるので，図 1.14 の許される αa の値（α の値）を用いてエネルギー E と波数 k の関係を得ることができる。その様子を**図 1.15** (a) に示す。許されたエネルギーの帯域を**許容帯**，解のない許されないエネルギー帯域を**禁制帯**という。ちょうど $\cos(k\alpha) = \pm 1$ となる波数 k でエネルギー許容帯が不連続となり，禁制帯が現れることになる。そのときの波数 k は式 (1.38) となる。

$$k = \frac{n\pi}{a} \qquad (n = \pm 1, \pm 2, \pm 3, \ldots) \tag{1.38}$$

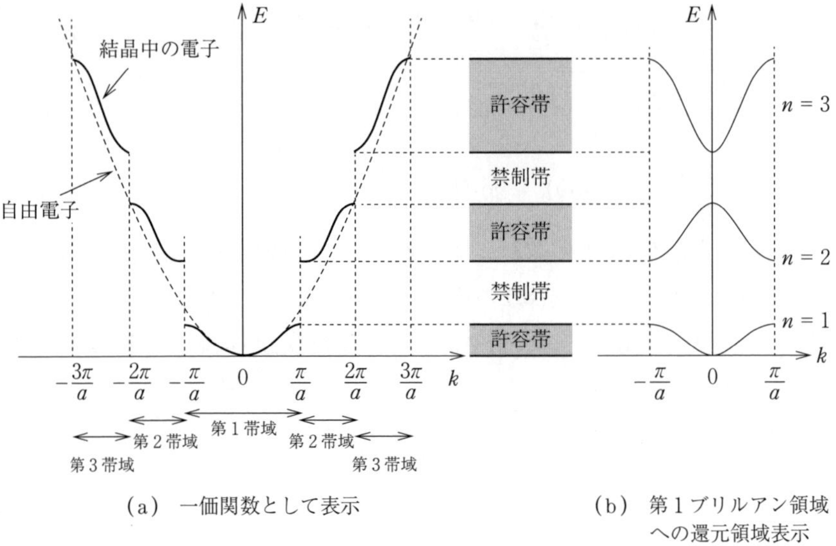

図 1.15　1 次元の半導体結晶における電子のエネルギー E と波数 k の関係

ここで式 (1.36) の P が零（例えば，$V_0 = 0$）の場合を考えると，式 (1.37) より $k = \alpha$ となるので $E = \hbar^2\alpha^2/2m^* = \hbar^2k^2/2m^*$ となり，式 (1.18) と同じ金属の自由電子の場合となる。つまり，波数 k には制限がなく，エネルギー E と波数 k の関係は連続的で，半導体結晶のような禁制帯は現れない。この点が金属と半導体の大きな違いである。

図 (a) には，比較のため，自由電子のエネルギーと波数の関係を破線で示す。また P の値が大きくなると禁制帯幅が広がり，半導体から徐々に絶縁体の性質に変化することを意味する。禁制帯の現れる波数 k の値を境に，$-\pi/a < k < \pi/a$ の領域を第 1 **ブリルアン領域**（Brillouin zone），$-2\pi/a < k < -\pi/a$ および $\pi/a < k < 2\pi/a$ の領域を第 2 ブリルアン領域，$-3\pi/a < k < -2\pi/a$ および $2\pi/a < k < 3\pi/a$ の領域を第 3 ブリルアン領域，…と呼ぶ。式 (1.37) の右辺 $\cos(ka)$ から明らかなように，エネルギー E は波数 k の周期関数であり，一義的には決まらないが，図 (a) では自由粒子の一価関数との比較のために，第 1，第 2，第 3 ブリルアン領域と並べて一価関数として表した。これ

とは別の表示として，E-k 周期関数の第 1 ブリルアン領域だけに戻して，図 (b) のように表したものを**還元領域表示**という。

1.6 半導体内の伝導電子と正孔の挙動

半導体構成原子のつくる周期ポテンシャルの中の電子波は，図 1.15 のようなエネルギーバンド構造であることがわかった。つぎに，この E-k 分散関係における個々の電子状態と電子の挙動について考える。

図 1.16 (a) に示す 1 次元の半導体結晶（格子間隔 a，格子点数 N 個）内に打ち消し合わずに存在できる電子の波は，1 番目の原子と最後の N 番目の原子をつないだリング状の結晶（図 (b)）を考えた周期的境界条件の式 (1.39) を満足する波動関数となる。ここで，周期ポテンシャル中の電子の波動関数の解である式 (1.25a) のブロッホ関数より式 (1.39) となり，式 (1.40) において $U_k(x) = U_k(x + Na)$ の関係があるので，式 (1.41) の条件を得ることができる。よって，式 (1.42) を満足する離散的な波数 k が存在することになる。ただし，通常の結晶の格子点の数 N は膨大な数であるため，個々の状態間の波

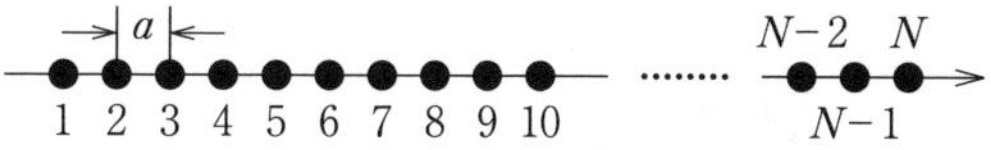

(a)

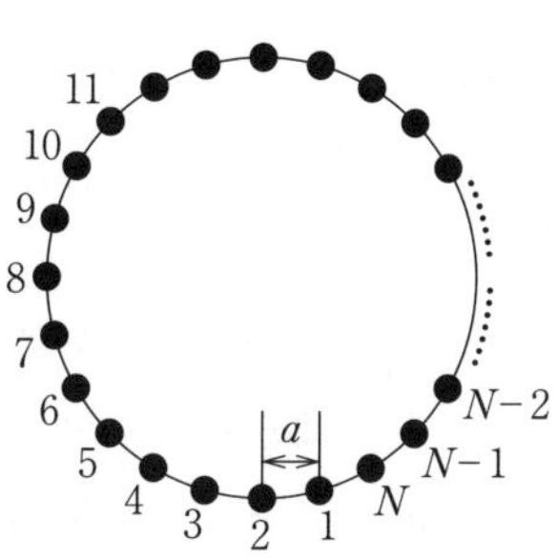

(b)

図 1.16 1 次元の半導体結晶 (a)，円状に連結した 1 次元結晶（周期的境界条件）(b)

数差 $\Delta k = 2\pi/Na$ はきわめて小さく，許容帯内の電子波の状態は擬似連続的であると見なせる。また，**図 1.17** の還元領域表示のエネルギーバンド図において，各許容帯の第 1 ブリルアン領域 $(-\pi/a < k < \pi/a)$ 内には格子数 N 個の状態が存在することになる。

$$\psi(x) = \psi(x + Na) \tag{1.39}$$

$$\psi_k(x) = U_k(x)e^{ikx}, \qquad \psi_k(x + Na) = U_k(x + Na)e^{ik(x+Na)}$$

$$\therefore \quad U_k(x)e^{ikx} = U_k(x + Na)e^{ik(x+Na)} \tag{1.40}$$

$$\therefore \quad e^{ikNa} = 1 \tag{1.41}$$

したがって $kNa = 2\pi n$ より

$$k = \frac{2\pi}{Na}n \qquad (n = 0, \pm 1, \pm 2, \pm 3, \ldots) \tag{1.42}$$

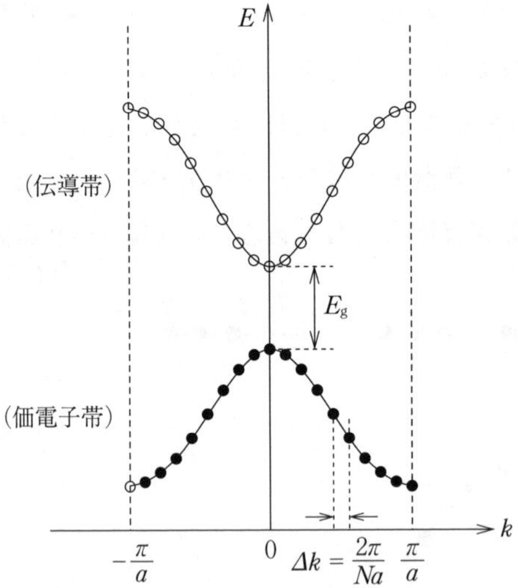

図 1.17　絶対温度零度の半導体の伝導帯と価電子帯の E-k 分散関係

図 1.17 のエネルギーバンド図において，**エネルギーギャップ**（energy gap, **禁制帯**）E_g を挟んで高いエネルギーバンドを**伝導帯**（conduction band），低いエネルギーバンドを**価電子帯**（valence band）とすると，絶対温度が零（0 K）では，すべての電子が結晶の結合を担う価電子であり，価電子帯のすべての状態が電子で占有されていることになる。そして伝導帯には電子（伝導電子）は

存在せず，すべての状態が空となり，電荷を運ぶ**キャリヤ**（carrier）がないため，導電性を示さない絶縁体となる。

例えば，室温の Si 結晶では，**図 1.18**(a) に示すように，熱エネルギーによって一部の共有結合が切れ，その電子は負電荷を運ぶキャリヤ（伝導電子）となる。このことは価電子帯の電子がエネルギーギャップを超えて伝導帯に遷移することを意味する。一方，価電子帯の電子が抜けた孔には正の電荷を帯びた**正孔**（hole）と呼ばれるキャリヤが生成される。この正孔のキャリヤとしての動きは，正孔近傍の価電子がその正孔の穴を埋めることにより，元いた価電子の位置に正孔ができることで，正孔が電子とは逆方向に移動したように考えることができる。こうした正孔の連続的な移動は電気伝導に寄与することになる。このような有限温度での伝導電子と正孔のキャリヤが存在する状況を E-k 分散のエネルギーバンド図に示すと，図 (b) のようになる。つまり，伝導帯の底部に伝導電子が占有し，価電子帯の上部に電子の抜けた正孔が占有している状態である。伝導電子と正孔はペアで熱的に生成されるため，同じ数のキャ

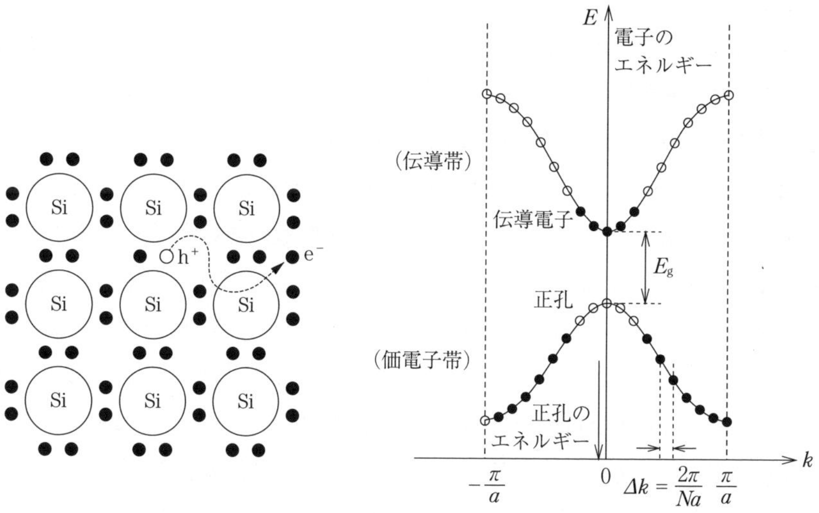

(a)　(b)

図 1.18　室温付近の半導体結晶中の電子と正孔の様子 (a)，伝導帯の電子と価電子帯の正孔の E-k 分散関係 (b)

リヤ数となる。

つぎに，図 1.8 に示したように金属内の電子の E-k 分散関係から自由電子の挙動について考察したように，半導体結晶内の電子の挙動についても同様に考えてみる。**図 1.19** (a) に示す半導体中の電子の E-k 分散関係のエネルギーバンドについて，式 (1.20a, b) でも示したように E-k 分散関係の k についての 1 階微分および 2 階微分をとって，それぞれ電子波の群速度 v_g（$= (1/\hbar)(\mathrm{d}E/\mathrm{d}k)$）と電子の有効質量 m^*（$= \hbar^2/(\mathrm{d}^2E/\mathrm{d}k^2)$）を求めると，図 1.19 (b), (c) のような関係図が得られる。ここで，図 1.19 の電子の個々の状態は離散的な値をとるが，許容帯内では擬似連続的であり，線状の連続関数として表現した。

図 1.8 の金属の場合は，波数の増加に対して群速度は線形的に増加するが，半導体中の電子の場合は，波数の増加とともに群速度は増加するものの逆に途中で減速していき，$|k| = |\pi/a|$ では E-k 分散の傾きが零となって速度零の停止状態となる。このように，半導体中の電子波の挙動は金属中の自由電子とは大きく異なる。このブリルアン領域の境界である $|k| = |n\pi/a|$（$n = 1, 2, \ldots$）の電子波には $n\lambda = 2a$ の関係が成り立ち，これは格子間隔が a の結晶におけるブラッグ反射条件に相当する。つまり，電子の入射波と反射波とが重ね合わされて速度零の定在波を形成するのである。

図 1.20 (a), (b) に示すように，$|k|=|\pi/a|$ の波数には，2 種類の定在波が存在する。一つは格子間で電子の存在確率（波動関数の絶対値の 2 乗 $|\psi|^2$）が最大となる定在波（図 (a)）で，もう一つは各格子点で電子の存在確率が最大となる定在波（図 (b)）である。一般に，電子は原子核からのポテンシャルエネルギーに引き寄せられるため，原子核近傍で存在確率 $|\psi|^2$ の高い定在波は，低いエネルギーの安定な状態となる。一方，格子間のポテンシャル障壁のところで存在確率の高い定在波は，高いエネルギーの不安定な状態である。したがって，$|k| = |\pi/a|$ の波数における二つの定在波のエネルギー差が，禁制帯のエネルギー幅に相当することを意味している。

つぎに，図 1.19 (c) の有効質量と波数の関係について考える。金属中の自

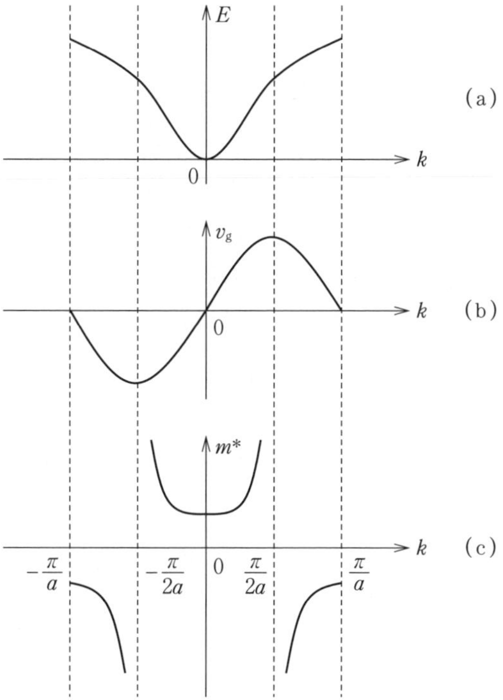

図 1.19　半導体結晶中の電子の波数に対する電子のエネルギー(a)，群速度(b)，質量(c)の関係

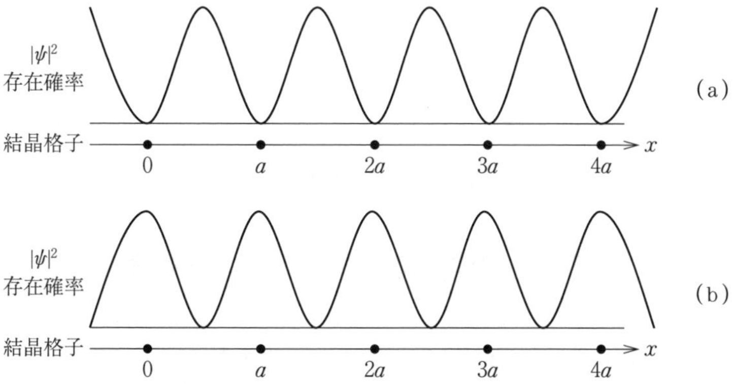

図 1.20　$|k| = |\pi/a|$ の波数をもつ電子の 2 種類の定在波の様子

由電子の場合は，図 1.8 (c) に示したように，群速度と波数の線形性（一定の傾き）から電子の質量は波数によらず一定値を示した。しかし，半導体内の電子の場合は，上述した群速度と波数の非線形性をさらにもう 1 回微分して有効質量を求めると，図 1.19 (c) のようになる。有効質量は波数によって大きく変化し，特に，群速度が最大値（傾き零）の波数で発散し，その波数を境に有効質量の正負が逆転する。つまり，E-k 分散の図 1.19 (a) で下向きに凸のエネルギーバンド領域では正の有効質量（$m^* > 0$）を示し，上向きに凸のエネルギーバンド領域では負の有効質量（$m^* < 0$）を示すことになる。前者はまさに伝導電子の挙動を示すことになるが，後者の負の有効質量をもつ電子は，電界が印加されると逆方向に加速されることから，正の素電荷（$e > 0$）をもつ粒子と考えることで，正の有効質量（$m^* > 0$）として扱うことができる。つまり，上向きに凸のエネルギーバンド領域では，正電荷をもつキャリヤの正孔としての振舞いを表すことになる。したがって，図 1.18 (b) に示したように，下向きに凸の高い電子のエネルギーバンドの伝導帯では，その底部に占有する伝導電子の状態を知ることができる。一方，上向きに凸の低い電子のエネルギーバンドの価電子帯では，その頂上部に正孔が占有する正孔の状態を示すことになるが，価電子帯では縦軸の電子のエネルギーの向きを反転させて，下向きに正とすることで，正電荷をもつ正孔のエネルギーとして表せる。つまり，下向きに正のエネルギーとした正孔のバンド図では，低エネルギー側の向き（下向き）に凸となるバンドと見ることができ，正の有効質量を示すことになる。以上のように，半導体中のキャリヤの振舞いは，伝導帯中の電子および価電子帯中の正孔の E-k 分散関係から理解することができる。

1.7　半導体のエネルギーバンド構造

半導体内の電子（および正孔）のエネルギーと波数の関係（E-k 分散）は，半導体結晶の周期ポテンシャルで決まり，その結果，電子（および正孔）の群速度や有効質量，そしてエネルギーギャップ（禁制帯）E_g の大きさも決まることがわかった。さらに，半導体材料によって，伝導帯と価電 散であるバンド構造に二つの型がある。つまり，**直接遷移**（direct **型半導体**（**図 1.21** (a)）と**間接遷移**（indirect bandgap）**型半導体**（ である。直接遷移型半導体では，伝導帯の最底部の波数と価電子帯の頂上 波数が一致しているが，間接遷移型半導体の場合は，伝導帯の最底部の波数 価電子帯の頂上部の波数に比較的大きな差のあるバンド構造である。E-k 分散のバンド図の横軸である波数 k に，プランク定数 $\hbar$ （$= h/2\pi$） を掛けると運動量 p （$= \hbar k$） となるので，直接遷移型半導体の伝導帯の電子と価電子帯の正孔の運動量は一致しているが，間接遷移型半導体では運動量に差があることを意味する。直接遷移型半導体には GaAs や InAs などの半導体材料があり，間接遷移型半導体には Si や Ge などの半導体材料がある（付録 A.5）。こうした半導体材料によるバンド構造の違いは，後の章で述べる光吸収や発光の特性に大きく関係してくる。

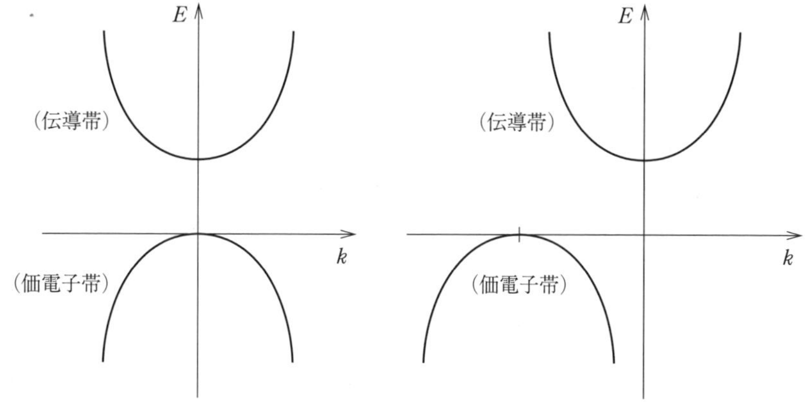

(a)　　(b)

図 1.21　直接遷移型半導体 (a) と間接遷移型半導体 (b) のエネルギーバンド図

図 1.22 に，間接遷移型の Si (a) と直接遷移型の GaAs (b) のエネルギーと運動量の関係 (E-p 分散) のバンド図を示す。図ではそれぞれ 2 種類の運動量の方向について示されている。エネルギーギャップ E_g は伝導帯の底と価電子

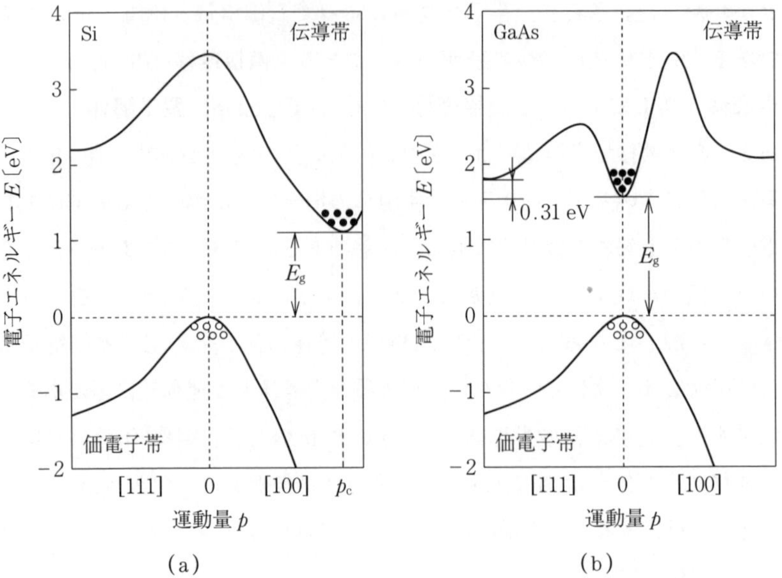

図 1.22　Si (a) と GaAs (b) のエネルギーバンド構造

帯の頂上の差であり，伝導帯の底部付近および価電子帯の頂上部付近の E-p 分散は放物線関数的である。Si では伝導帯の底は $p = 0$ であるが，価電子帯の頂上は $p = p_c$ となり，運動量に差がある。GaAs では，伝導帯の底と価電子帯の頂上は $p = 0$ で一致した直接遷移型で，運動量に差がないことがわかる。

2 半導体のキャリヤ

前章の1.5節後半および1.6節にて，半導体中のキャリヤ（伝導電子，正孔）について述べた。本章では，半導体の結晶構造について概説した後，不純物原子をドーピング（添加）しない**真性**（intrinsic）**半導体**と不純物原子を制御してドープした**外因性**（extrinsic）**半導体**について，キャリヤの生成機構，キャリヤ濃度の解析について解説する。

2.1 真性半導体（キャリヤの熱生成と再結合）

SiやGeのⅣ族の半導体結晶では，隣接する4個のSi原子の最外殻電子がたがいに電子を共有することで結合（共有結合）したダイヤモンド構造となる。GaAsやInPのⅢ-Ⅴ族半導体の多くは閃亜鉛鉱（せんあえんこう）（zinc blende）構造（付録A.3）で，共有結合においてⅤ族原子（As，P）の余った電子1個をⅢ族原子（Ga，In）が受け取るため，Ⅲ族原子は負イオンに，Ⅴ族原子は正イオンとなり，共有結合に加えてイオン性結合が働いている。前章で説明したように，エネルギーバンド構造では，この結合を担う価電子が価電子帯を占有していることになる。ここでは，不純物原子のない真性半導体におけるキャリヤについて考える。

真性半導体の結晶中における伝導電子と正孔の様子は，1章の図1.18に示した。結晶の熱や光のエネルギーによって結合を担う電子（価電子）の結合が切れ，結晶内を動き回る伝導電子となり，一方，電子の抜けた孔は正の素電荷をもった正孔となって電気伝導に寄与する。このような有限温度での伝導電子と正孔のキャリヤをエネルギーEと波数kの関係のエネルギーバンド図で表

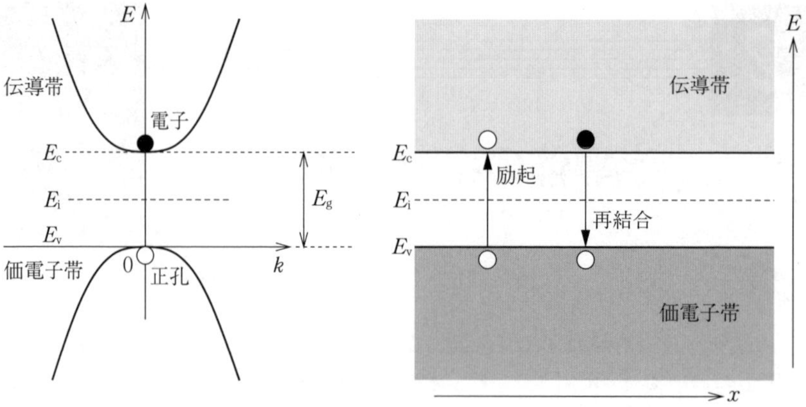

(a) E-k バンド図　　(b) E-x バンド図

図 2.1　真性半導体のエネルギーバンド図

すと，直接遷移型半導体の場合は**図 2.1** (a) のようになり，また横軸に結晶の位置座標 x をとったエネルギーバンド図は，図 (b) のように表される。

真性半導体では，キャリヤの電子と正孔はつねにペア（電子–正孔対）で生成されるので，電子と正孔のキャリヤ濃度はつねに等しく，これを**真性キャリヤ**（intrinsic carrier）**濃度** n_i と呼ぶ。この場合，1 章の 1.4 節で述べたフェルミ準位 E_F はエネルギーギャップ E_g（禁制帯）のほぼ中央に位置し，これを改めて**真性フェルミ準位** E_i という。エネルギーギャップ E_g を超えて熱的に生成された電子は伝導帯に，正孔は価電子帯にそれぞれ存在し，その真性キャリヤ濃度はエネルギーギャップが小さいほど，また温度が高いほど高くなる。また図 2.1 (b) に示すように，熱的に励起されたキャリヤ（電子，正孔）は時間が経(た)つとエネルギー的に安定な結合状態に戻る。つまり，伝導帯の電子は価電子帯の正孔と**再結合**（recombination）を起こす。この再結合するまでの時間を**再結合寿命**（recombination lifetime）といい，通常 τ で表す。したがって，ある温度における真性半導体中では，キャリヤは熱的な生成と再結合を絶えず繰り返し，定常的な伝導帯の電子濃度とそれに等しい価電子帯の正孔濃度となる。その温度での熱平衡状態におけるキャリヤ濃度は，真性キャリヤ濃度 $n_i = n = p$ となる。つまり，熱平衡状態ではキャリヤの熱的生成速度 G_{th} と

再結合速度 R とが等しく，この電子と正孔の再結合速度は，電子濃度と正孔濃度の積に比例するため式 (2.1) のように表される。ここで，真性半導体の場合の比例係数 β は再結合寿命 τ と真性キャリヤ濃度の積に逆比例するため，熱平衡状態での再結合速度 R は，式 (2.2) のように表される。

$$G_{\mathrm{th}} = R = \beta np = n_{\mathrm{i}}^2 \tag{2.1}$$

$$R = \frac{n_{\mathrm{i}}}{\tau} \tag{2.2}$$

2.2　外因性半導体（n 型半導体と p 型半導体）

真性半導体に不純物原子をドーピングしてキャリヤ濃度を制御した半導体を，外因性半導体という。外因性半導体には n 型半導体と p 型半導体の 2 種類があり，例えば，Ⅳ族のシリコン（Si）半導体結晶にⅤ族のリン原子（P）をドープすると，Si 原子の位置に P 原子が置き換わり，周囲の Si 原子との共有結合によって P 原子の価電子が 1 個余る。この電子は共有結合に寄与しない P 原子核と緩く結合した状態であるため，室温の熱エネルギーでも容易に結合が切れ，1 個の伝導電子を与えることになる。このような不純物原子のことを**ドナー**（donor）**不純物**という。またドナー原子は電子を失うことでプラスにイオン化し，**ドナーイオン**（P^+）として結晶中に残る。その様子を**図 2.2**(a) に示す。このように真性キャリヤ濃度に比べて十分高い濃度でドープしたドナー不純物原子がすべてイオン化すれば，伝導電子濃度はドナー濃度で決まることになり，電子濃度を制御することができる。このような伝導電子が支配的な半導体を **n 型半導体**という。

ここで，Si 原子に P 原子をドープした場合のイオン化エネルギーを見積もるため，図 2.2 (b) に示す水素原子モデルを使って考える。真空中の媒質（誘電率 ε_0，電子質量 m_0）の水素原子のボーア半径とイオン化エネルギーについては，1.2 節の式 (1.12) と式 (1.15) にそれぞれ示した。媒質が半導体中のドナー不純物については，誘電率を $\varepsilon_0\varepsilon_{\mathrm{s}}$（$\varepsilon_{\mathrm{s}}$ は比誘電率），電子の有効質量 m^* を

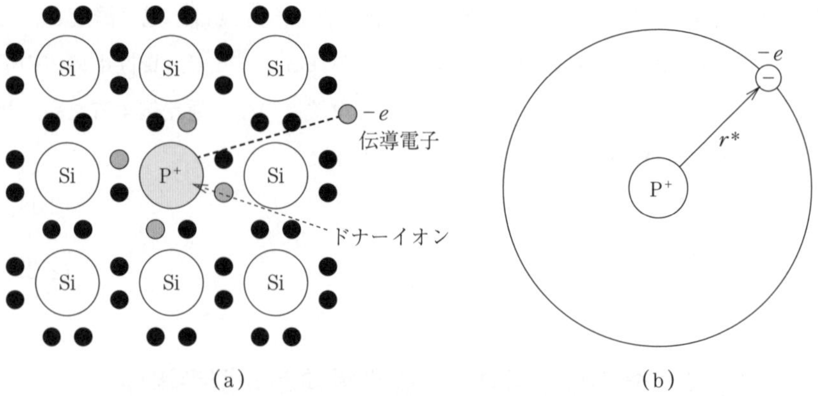

図 2.2　Si 半導体中のドナー不純物（P：リン原子）

用いると，ボーア半径 r^* およびイオン化エネルギー E はそれぞれ式 (2.3) と式 (2.4) になる。例えば，GaAs 半導体の $\varepsilon_s = 13.1$，$m^* = 0.068m_0$ の場合は，真空中の水素原子に比べて，ボーア半径 r^* は約 13 nm と広がり，イオン化エネルギー E は約 5.4 meV と小さくなる。

$$r^* = \frac{\varepsilon_s \varepsilon_0 h^2}{\pi m^* e^2} n^2 \qquad (n = 1, 2, 3, \ldots) \tag{2.3}$$

$$E = -\frac{m^* e^4}{8\varepsilon_s^2 \varepsilon_0^2 h^2 n^2} = -13.6 \frac{1}{\varepsilon_s^2} \left(\frac{m^*}{m_0} \right) \frac{1}{n^2} \quad \text{〔eV〕} \tag{2.4}$$

つぎに，Si 半導体にⅢ族のボロン原子（B）をドープすると，Si 原子の位置に B 原子が置き換わり，周囲の Si 原子との共有結合において価電子が 1 個分不足するため，この結合の欠けた位置に近傍の共有結合した電子が結合を切って占有することにより，B 原子はマイナスにイオン化し，占有した電子の元の位置に正孔が生成される。この場合もマイナスの B イオンと近傍の正孔の間には弱いクーロン力が作用している。よって，室温の熱エネルギーでもその結合は容易に切れ，1 個の正孔が結晶内を自由に伝導できるようになる。このような不純物原子のことを**アクセプタ**（acceptor）**不純物**という。その様子を**図 2.3** に示す。このように真性キャリヤ濃度よりも十分高い濃度でドープしたアクセプタ不純物原子がすべてイオン化すれば，正孔の濃度はアクセプタ濃度で

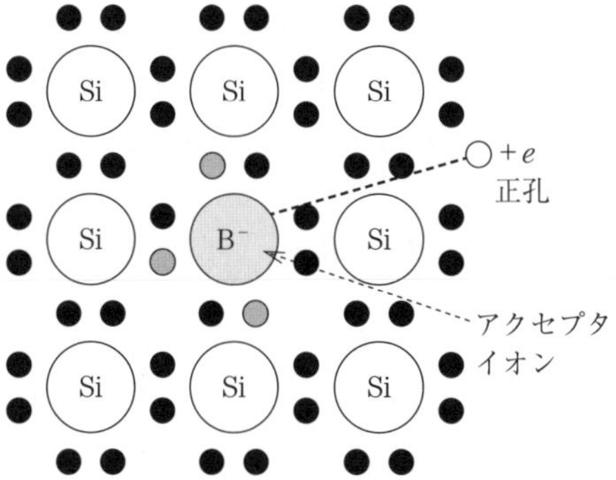

図 2.3　Si 半導体中のアクセプタ不純物（B：ボロン原子）

決まることになり，正孔濃度を制御することができる。このような正孔が支配的な半導体を **p 型半導体**という。

2.3　キャリヤ濃度とフェルミ準位

前節では，熱的に電子の結合が切れることで伝導電子と正孔を生成する真性キャリヤと，ドープした不純物原子が構成原子と置換することで余った電子または電子欠損の孔により，伝導電子または正孔を生成する外因性キャリヤとがあることを述べた。ここでは，熱平衡状態における半導体のキャリヤ濃度，およびフェルミ準位について説明する。

伝導帯中のエネルギー E の電子濃度 $n(E)$ は，伝導帯中の電子の状態密度 $D_c(E)$ と電子の存在確率であるフェルミ・ディラック分布関数 $f(E)$ との積（$n(E) = D_c(E)f(E)$）となる。したがって，伝導帯の全電子濃度 n は式 (2.5) で求められる。ここで，E_c は伝導帯の底のエネルギーである。

$$n = \int_{E_c}^{\infty} n(E)\mathrm{d}E = \int_{E_c}^{\infty} D_c(E)f(E)\mathrm{d}E \tag{2.5}$$

半導体の伝導帯中のエネルギー E の電子の状態密度 $D_c(E)$ については，1.4 節の金属中の電子の状態密度 $D(E)$ の式 (1.22) と同様に考える。ただし，3 次元の波数空間における電子状態 1 個分の体積は，図 1.17 のように $(2\pi/Na)^3$ となるので，伝導帯中の電子の状態密度 $D_c(E)$ は式 (2.6) で表される。これは電子

の有効質量 m_e^* の 3/2 乗に比例することから，E-k 分散における伝導帯の曲率半径が大きい（m_e^* が大きい）ほど状態密度は増大し，電子のエネルギー $(E-E_c)^{1/2}$ に比例して増大する。その様子を**図 2.4**(a),(b) に示す。

$$D_c(E) = \frac{4\pi}{h^3}(2m_e^*)^{3/2}(E - E_c)^{1/2} \qquad (E \geqq E_c) \tag{2.6}$$

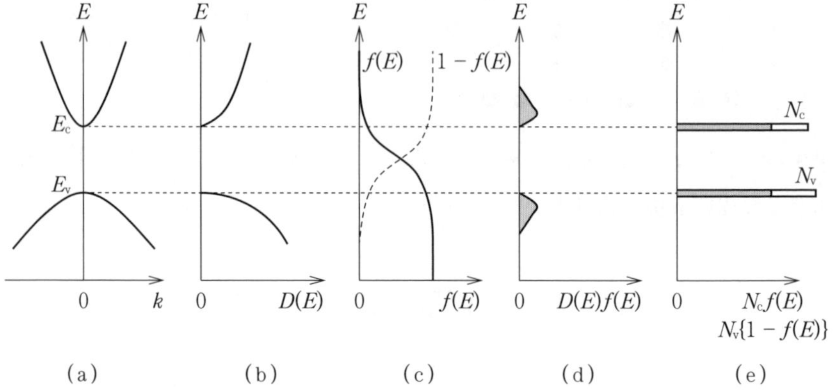

図 2.4　半導体のエネルギーバンド図（E-k 分散）(a)，状態密度 (b)，フェルミ・ディラック分布関数 (c)，$D(E)$ と $f(E)$ の積 (d)，有効状態密度 N_c と $f(E)$ の積および N_v と $\{1 - f(E)\}$ の積 (e)

またフェルミ・ディラック分布関数 $f(E)$ は式 (2.7) で表され，図 2.4 (c) のように，有限温度 T ではフェルミ準位 E_F における電子の存在確率はつねに 1/2 となり，それより高エネルギー側の存在確率は低く，低エネルギー側の存在確率は高くなる。多くの場合 E_F は禁制帯中にあり，$E_c - E_F > 3k_BT$ の場合は，伝導帯中の電子エネルギー E における $f(E)$ は，式 (2.7) の右辺のように近似できる。これを**ボルツマン近似**と呼ぶ。ここで k_B はボルツマン定数である。

$$f(E) = \frac{1}{1 + \exp\{(E - E_F)/(k_BT)\}} \cong \exp\left(-\frac{E - E_F}{k_BT}\right) \tag{2.7}$$

したがって，式 (2.6) と式 (2.7) を式 (2.5) に代入すると，伝導帯の全電子濃度 n は式 (2.8) に示すとおり計算され，図 2.4 (d) の灰色の部分の面積となる。ここで，式 (2.9) の定積分公式を用いると式 (2.8) は式 (2.10) のように簡単に表される。

$$n = \int_{E_c}^{\infty} \frac{4\pi}{h^3}(2m_e^*)^{3/2}(E - E_c)^{1/2}\exp\left(-\frac{E - E_F}{k_B T}\right)dE \tag{2.8}$$

$$\int_0^{\infty} x^{1/2}e^{-x}dx = \frac{\sqrt{\pi}}{2} \tag{2.9}$$

$$n = N_c \exp\left(-\frac{E_c - E_F}{k_B T}\right) \tag{2.10}$$

ここで

$$N_c = 2\left(\frac{2\pi m_e^* k_B T}{h^2}\right)^{3/2} \tag{2.11}$$

式 (2.10) 中の N_c は式 (2.11) となり，この N_c を伝導帯の**有効状態密度**（effective density of states）という。図 2.4 (e) に示すように，N_c は伝導帯の状態密度が伝導帯の底 E_c に集中していると見なすときの等価状態密度で，半導体材料（有効質量 m_e^*）と温度 T が決まれば定数となり，伝導帯の電子濃度 n を簡単に計算できる。

価電子帯の正孔濃度 p も同様に求められ，価電子中のエネルギー E の正孔の状態密度 $D_v(E)$ は式 (2.12) で表される。ただし，そのエネルギー E における正孔の存在確率は，電子の存在しない確率となるので $1 - f(E)$ となり，さらに $E_F - E_v > 3k_B T$ の場合は，式 (2.13) の右辺のように近似される。

$$D_v(E) = \frac{4\pi}{h^3}(2m_h^*)^{3/2}(E_v - E)^{1/2} \qquad (E \leqq E_v) \tag{2.12}$$

正孔の存在確率：

$$1 - f(E) = \frac{1}{1 + \exp\{(E_F - E)/(k_B T)\}} \cong \exp\left(\frac{E_F - E}{k_B T}\right) \tag{2.13}$$

したがって，E_v を価電子帯の頂上のエネルギーとすると，価電子帯の正孔濃度 p は式 (2.14) で求められ，同様に式 (2.9) の定積分公式を用いると，価電子帯の有効状態密度 N_v を用いて簡単に計算することができる。N_v は式 (2.15) で示され，価電子帯頂上の E_v に状態密度が集中した等価状態密度である。図 2.4 には価電子帯についても同様に図示した。また，**表 2.1** に Si，Ge，GaAs

表 2.1　室温における有効状態密度（Si, Ge, GaAs）

	Si	Ge	GaAs
伝導帯の有効状態密度〔cm^{-3}〕	2.8×10^{19}	1.04×10^{19}	4.7×10^{17}
価電子帯の有効状態密度〔cm^{-3}〕	1.04×10^{19}	6.0×10^{18}	7.0×10^{18}

〔参考〕 Physics of Semiconductor Devices 2nd Ed. by S.M. Sze

の室温における有効状態密度を示す。

$$p = \int_{-\infty}^{E_v} D_v(E)\{1 - f(E)\}\mathrm{d}E$$

$$= \int_{-\infty}^{E_v} \frac{4\pi}{h^3}(2m_h^*)^{3/2}(E_v - E)^{1/2}\exp\left(\frac{E_F - E}{k_B T}\right)\mathrm{d}E$$

$$= N_v \exp\left(-\frac{E_F - E_v}{k_B T}\right) \tag{2.14}$$

ここで

$$N_v = 2\left(\frac{2\pi m_h^* k_B T}{h^2}\right)^{3/2} \tag{2.15}$$

以上より，式 (2.10) の電子濃度 n と式 (2.14) の正孔濃度 p の積をとると式 (2.16) となり，半導体の材料パラメータ（有効質量，禁制帯幅）と温度だけで決まる値となる。

$$np = N_c N_v \exp\left(-\frac{E_c - E_v}{k_B T}\right) = N_c N_v \exp\left(-\frac{E_g}{k_B T}\right) \tag{2.16}$$

つまり，熱平衡状態の温度一定の下では，不純物の種類やドープ量に関係なく np 積は一定となることを意味する。この np 積一定の関係は，**質量作用の法則**（law of mass action）とも呼ばれ，キャリヤの生成と再結合の釣合いに由来するものである。

真性半導体では $n = p = n_i$（真性キャリヤ濃度）であり，np 積は n_i^2 の一定値で示されることから，真性キャリヤ濃度は式 (2.17) で表される。

$$n_i = (N_c N_v)^{1/2}\exp\left(-\frac{E_g}{2k_B T}\right) \tag{2.17}$$

また真性半導体について，式 (2.10) の電子濃度 n と式 (2.14) の正孔濃度 p の比（$n/p = n_i/n_i = 1$）をとり，その比の式の対数をとることによって真性半導体のフェルミ準位（$E_F = E_i$）を求めることができ，式 (2.18) が得られる。

$$E_i = \frac{E_c + E_v}{2} + \frac{k_B T}{2}\ln\frac{N_v}{N_c} = \frac{E_c + E_v}{2} + \frac{3k_B T}{4}\ln\frac{m_h^*}{m_e^*} \tag{2.18}$$

右辺第 1 項は禁制帯の真ん中に位置し，第 2 項は伝導帯と価電子帯の有効質量および温度に関係する。温度が高くなるほど E_i は禁制帯の中央から有効質量の小さいバンドのほうに寄ることになるが，室温での $k_B T$ は 25 meV 程度と禁制帯幅 E_g に比べて小さいので，E_i は禁制帯の真ん中に位置する。

また，前述した一般のキャリヤ濃度の式 (2.10) と式 (2.14) は，真性キャリヤ濃度 n_i と真性フェルミ準位 E_i を用いて次式で表すこともできる。**表 2.2** に Si，Ge，GaAs の室温における真性キャリヤ濃度を示す。

$$n = n_i \exp\left(\frac{E_F - E_i}{k_B T}\right) \tag{2.19}$$

$$p = n_i \exp\left(\frac{E_i - E_F}{k_B T}\right) \tag{2.20}$$

表 2.2　真性キャリヤ濃度（Si，Ge，GaAs）

	Si	Ge	GaAs
真性キャリヤ濃度〔cm^{-3}〕	1.45×10^{10}	2.4×10^{13}	1.79×10^{6}

〔参考〕 Physics of Semiconductor Devices 2nd Ed. by S.M. Sze

つぎに，外因性半導体の不純物濃度によってキャリヤ濃度とフェルミ準位がどのように変化するかを考える。これまで導出してきたキャリヤ濃度の式 (2.10) と式 (2.14)，および式 (2.19) と式 (2.20) から明らかなように，ある温度でのキャリヤ濃度は，フェルミ準位 E_F の位置によって決まることがわかる。また，不純物をドープしたときの電気的中性条件を考える必要がある。ドナー不純物をドープした n 型半導体における電気的中性条件は，式 (2.21) となる。

$$N_D^+ + p = n \tag{2.21}$$

N_D^+ はイオン化したドナー濃度で，左辺の正電荷濃度が右辺の負電荷濃度と釣り合っている。熱平衡状態における $np = n_i^2$ の関係と式 (2.21) より電子濃度

n を求めると，式 (2.22) となる。

$$n = N_D^{\ +} + \frac{n_i^2}{N_D^{\ +}} \tag{2.22}$$

一般に，室温では不純物原子のすべてがイオン化していると見なせるため，ドナー不純物濃度 $N_D = N_D^{\ +}$ となり，$N_D \gg n_i$ のときは，電子濃度 n は式 (2.22) より式 (2.23a) となり，また正孔濃度 p は $np = n_i^2$ の関係より式 (2.23b) となる。

$$n = N_D \tag{2.23a}$$

$$p = \frac{n_i^2}{N_D} \tag{2.23b}$$

アクセプタ濃度 N_A をドープした p 型半導体の場合も同様に考えると，キャリヤ濃度は式 (2.24a, b) のように表される。

$$p = N_A \tag{2.24a}$$

$$n = \frac{n_i^2}{N_A} \tag{2.24b}$$

以上より，外因性半導体において，室温付近でのキャリヤ濃度は不純物原子のドーピング濃度によって制御することができる。不純物濃度で決まる支配的なキャリヤを**多数キャリヤ**（majority carrier）といい，$np = n_i^2$ の関係より求められる他方のキャリヤを**少数キャリヤ**（minority carrier）という。また，不純物濃度に対するフェルミ準位 E_F の位置については，ドナー不純物をドーピングした n 型半導体の E_F は E_c に近づき，アクセプタ不純物の p 型半導体の E_F は E_v に近づく。

つぎに，キャリヤ濃度の温度依存性について考える。真性半導体の場合は，式 (2.17) からわかるように，真性キャリヤ濃度 n_i は温度の逆数に対して指数関数的に変化する。一方，外因性半導体の多数キャリヤ濃度は三つの温度領域に分けられる。例えば，ドナー濃度 $N_D = 1 \times 10^{15}\ \mathrm{cm}^{-3}$ の n 型 Si の場合，**図 2.5** に示すように，低温領域では，ドナー不純物のイオン化が温度上昇とともに増加することで電子濃度も増加していく。この領域を**不純物イオン化領域**と

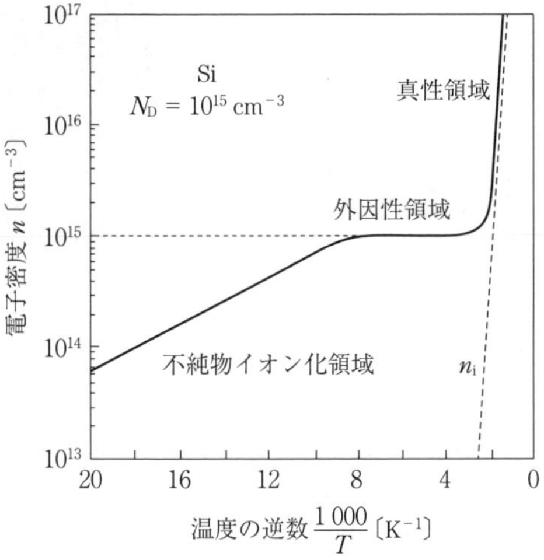

図 2.5 n 型半導体の電子濃度の温度依存性（点線は真性半導体の場合）

いう。すべてのドナーがイオン化してしまうと電子濃度はドナー濃度と等しくなり（式 (2.23a)），温度に対して一定値となる。この領域を**外因性領域**または**出払い領域**という。さらに温度が上昇すると熱的なキャリヤ生成が増し，また電子濃度はドナー濃度よりも高くなり，式 (2.17) で示される真性キャリヤ濃度となる。この温度領域を**真性領域**という。図 2.5 の真性領域の実線から点線につながる特性は，真性半導体における温度依存性を示すことになる。

3 キャリヤの輸送現象

本章では，半導体に電界や磁界を外部から印加した場合のキャリヤの流れについて論じる。はじめに外部印加のない熱平衡状態におけるキャリヤの運動について説明する。また，キャリヤは古典論的には粒子とみなされるが，量子論的には波として扱われる。そこで 3.1 節では，伝導帯のエネルギー E と波数 $\boldsymbol{k}$ のエネルギーバンド図を用いて，電気伝導機構について説明する。3.2 節以降では，伝導電子を有効質量 m^* をもつ自由粒子として，電界や磁界の印加によるキャリヤの挙動および拡散によるキャリヤの流れについて説明し，電気伝導の考え方，解析方法について述べる。

3.1　結晶内の電子波の電気伝導

一様な半導体の伝導帯に 1 個の電子が存在すると仮定する。**図 3.1** のエネルギーバンド図のように外部から電界を印加すると，半導体には一様な電界が発

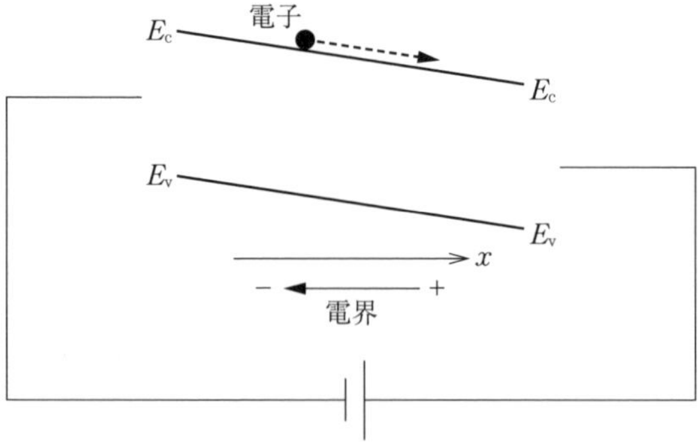

図 3.1　電界印加時の伝導電子の流れ

生し，伝導電子は一定のポテンシャル勾配に沿ってポテンシャルエネルギーの低い正電圧側に流れていくことで電気伝導が生じる，と説明される。

これは電子を粒子的に考えた場合にイメージしやすい電気伝導の説明であるが，これをエネルギー E と波数 k の分散関係のエネルギーバンド図（**図 3.2**(a)）を用いて，電子波で考えてみる。伝導帯の底 E_c（$k_x = 0$）の電子状態を始点とし，図 3.1 と同様に x 方向に沿った電位差（電界）を与えると，静止していた電子は $+x$ 方向に向かう進行波の波数 $+k_x$ を増すように波の状態を変え，運動エネルギーも徐々に増加して E_c から高い状態へと遷移していく（図中の 1, 2, 3, 4, …へ）。E-k 分散の状態に添って変化していくため，E-k 分散の傾きで表される群速度（式 (1.20a)）も変化しながら $+x$ 方向へ進行していくことになる。

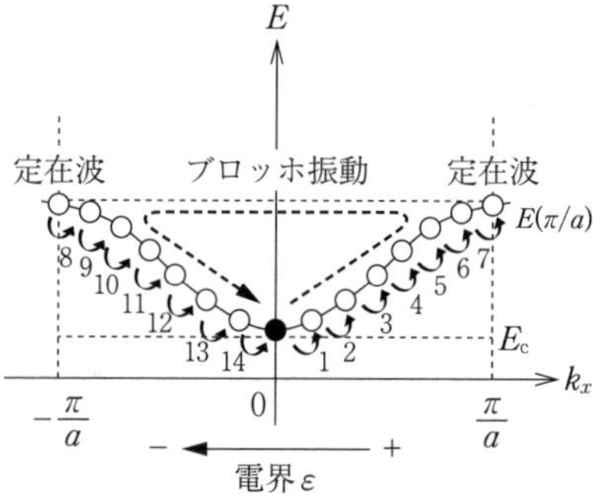

(a)　E-k バンド図

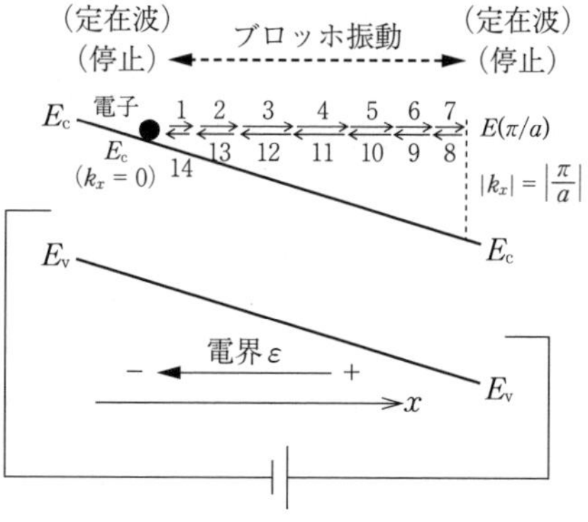

(b)　E-x バンド図

図 3.2　電界印加時の 1 個の伝導電子の動き（散乱のない場合）とブロッホ振動現象

さて，このときに電子が格子振動や不純物などによる散乱を一切受けないと仮定すると，図 3.2(a) に示すように電子波（$+k_x$）はさらに波数を増し（図中の…, 4, 5, 6, 7 へ），ブリルアンゾーン境界 $k_x = +(\pi/a)$ に達し，定在波となって停止する。ブリルアンゾーン境界 $k = \pm(\pi/a)$ では同じ定在波の状態であるため，停止した電子波はつぎに $k_x = -(\pi/a)$ から $-k_x$ の進行波として波数を減少させ（図中の 8, 9, 10, 11, 12, 13, 14）へ，エネルギーを低下させるよう

に逆向き $-x$ 方向に進む。そして始点の $k_x = 0$ まで戻り停止すると，再び同じように $+k_x$ の進行波として $+x$ 方向へ進む…，というように電子波は第1プリルアンゾーンの k_x 空間内を巡回するようになる。この電子の動きをエネルギー E と x 座標のバンド図3.2(b)に示すと，エネルギー E_c の始点から $+x$ 方向に進み，運動エネルギーが $E(\pi/a)$ まで達すると定在波となって停止し，今度は $-x$ 方向に進み，再び始点に戻るというように結晶内の x 方向を往復（振動）するように動くことになる。このような現象を**ブロッホ振動**（Bloch oscillation）という。

実際には，有限温度の結晶内では格子振動や不純物などによる電子散乱を何度も受け，エネルギーを失い，波数も大きく変化するため，ブリルアンゾーンまで達するのはきわめて難しい。そうした実際に近い散乱のある状況について考えてみる。**図3.3**(a)のように，一様な半導体結晶内での伝導電子1個が，電界によってエネルギー E_c の始点から $+x$ 方向に進み（図中の1, 2, 3, 4へ），k_x が5番まで増大したところで電子は散乱され，エネルギーを失い6番の電子波（$-k_x$）の状態になったとすると，下のエネルギー状態が空いているため $-x$ 方向に進みながら6番，7番へとエネルギーを高速に緩和し，E_c の底($k_x = 0$)まで戻る。そして再び同様の電子波の状態変化を繰り返していくことになる。これを図(b)のエネルギー E と x 座標のバンド図に描くと，電子は $+x$ 方向に進んで1, 2, 3, 4, 5と状態を変え，散乱を受けてからは6, 7と $-x$ 方

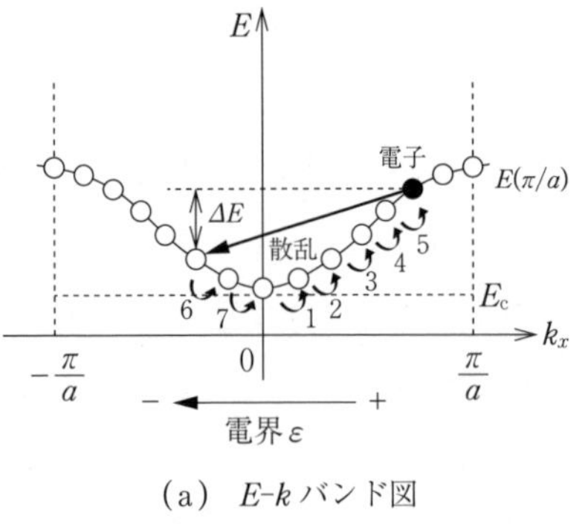

(a) E-k バンド図

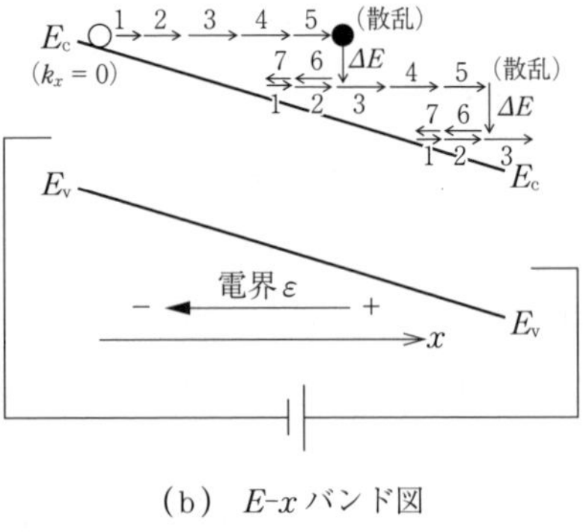

(b) E-x バンド図

図3.3　電界印加時の1個の伝導電子の動き（散乱がある場合）

向に進み，また再び 1, 2, 3, ... と + x 方向に進んでいくことになる。このように，散乱によって $\pm k_x$ の状態の変化を繰り返しながら，電界印加の方向に沿って + x 方向に流れていくことになる。実際にはこのような電子の挙動は伝導帯の底の E_c 付近で起きており，よって，図 3.1 で示したシンプルな電子の流れの様子は，電子の散乱や波数の変化の詳細な状態変化を省略した描き方である。

つぎに，室温ではキャリヤ（電子濃度 n，正孔濃度 p）が多く存在しているため，キャリヤを集団で考える必要がある。電界 ε が印加されなければキャリヤは流れず電流は零となる。このことは式 (3.1) より明白である。つまり電界 $\varepsilon = 0$ なので電流密度 $J = 0$ となる。ここで σ は導電率，μ_n と μ_p は電子と正孔の移動度（mobility）である。

$$J = \sigma\varepsilon = en\mu_n\varepsilon + en\mu_p\varepsilon \tag{3.1}$$

このことを，**図 3.4** (a) に示す伝導帯内に 7 個の電子が存在するときのエネルギーと波数の関係（E-k 分数）を示したバンド図で考える。電界 ε が印加されていない場合は，図のように電子は伝導帯の底の $-k_x^i$～$+k_x^i$ の波数領域を対象に存在している。この波数空間内の個々の電子について式 (3.1) と同様に考えると，電子のドリフト速度 $v_n = \mu_n\varepsilon$ より式 (3.2) のように表すことができる。

$$J = \sum_{k_x = -k_x^i}^{+k_x^i} ev(k_x) = 0 \tag{3.2}$$

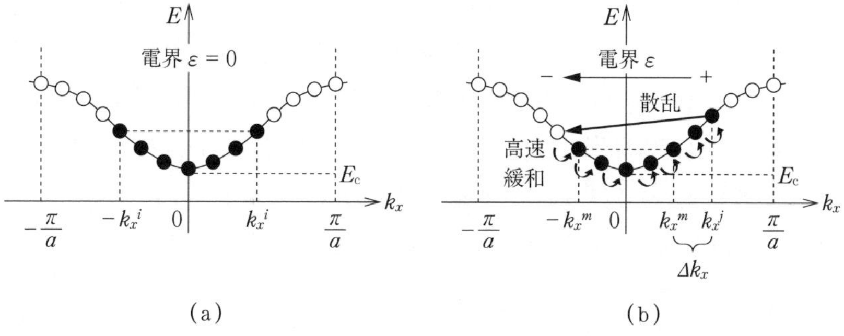

図 3.4　電界零 (a) と電界印加 (b) のときの伝導電子の集団の動き（散乱がある場合）

ここで，$v(k_x)$ は E-k 分散の傾きから決まる群速度（式(1.20a)）である。$-k_x^{\,i}$ の電子波と $+k_x^{\,i}$ の電子波は同じ波数の大きさでたがいに逆向きに進む波であるため，重ね合わせると定在波となって進行しない。よって図 3.4 (a) の 7 個すべての電子波の重ね合わせ（総和）は $\pm x$ のどちらにも進まない波となり，電流密度は零となる。このことを**詳細平衡**（detailed balance）**の状態**と呼ぶ。

つぎに，x 方向に電圧を印加し電子の散乱も考慮すると，図 (b) のようになる。電界 ε によって電子波は $+x$ 方向に進む $+k_x$ の波数を増すように全体的にシフトしていき，$+k_x^{\,j}$ のエネルギーの高い電子波状態になったところで散乱を受けて $-k_x$ の状態に移ったとすると，エネルギーの低い状態が空いていれば電子は高速にエネルギー緩和し，$-k_x^{\,m}$ の状態まで落ちていく。この状態遷移を繰り返し，定常的には図 (b) に示すように 7 個の電子が $+k_x$ 側に片寄った状態になる。この状態について式 (3.2) と同様に考えると，式 (3.3) で表される。

$$J=\sum_{k_x=-k_x^{\,m}}^{+k_x^{\,j}} ev(k_x)=\sum_{k_x=-k_x^{\,m}}^{+k_x^{\,m}} ev(k_x)+\sum_{k_x=+k_x^{\,m}}^{+k_x^{\,j}} ev(k_x)=\sum_{k_x=+k_x^{\,m}}^{+k_x^{\,j}} ev(k_x)\neq 0 \qquad (3.3)$$

$-k_x^{\,m}\sim+k_x^{\,j}$ の全波数領域は，$-k_x^{\,m}\sim+k_x^{\,m}$ の領域と $+k_x^{\,m}\sim+k_x^{\,j}$ の領域に分けられ，第 1 項の領域では詳細平衡が成り立ち，電流成分は零となるが，第 2 項では $+k_x^{\,m}\sim+k_x^{\,j}$ の電子波の重ね合わせは定在波とはならず，電流に寄与する $+x$ 方向に進む電子波成分として存在することになる。この $+k_x^{\,m}\sim+k_x^{\,j}$ の電子波を重ね合わせると，**図 3.5** に示すように波束（wave packet，付録 A.2）を形成する。このときの波束は x 座標空間で Δx の広がりをもち，波数空間で Δk_x（$+k_x^{\,m}\sim+k_x^{\,j}$）の広がりをもつことになる。両者の間には式 (3.4) で表される不確定性原理（付録 A.2）の関係で結び付けられ，電子状態（位置座標 x と波数 k_x）の定めにおける量子力学的限界を示すことになる。この波束が電子の波動性と粒子性を同時に表現した電子の描像といえる。

$$\Delta x\Delta k_x\approx\frac{1}{2} \qquad (3.4)$$

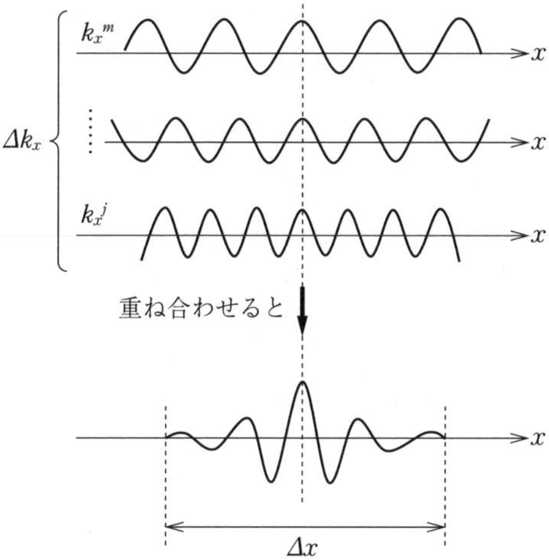

図 3.5 波数 $k_x^m \sim k_x^j$ の電子波の重ね合わせによる波束の形成（概念図）

3.2 キャリヤの熱運動

半導体結晶中のキャリヤは，外場（電界や磁界）がなくても，熱平衡状態では**図 3.6**(a)のように激しくランダムに運動（ブラウン運動）している。その移動距離の時間平均をとると正味の移動はない。この電子の運動エネルギーは，結晶の温度，つまり熱エネルギーから与えられる。$3k_BT/2$ のエネルギー

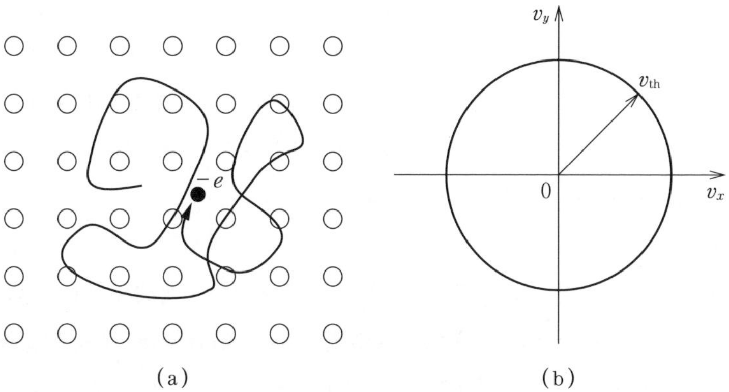

図 3.6 半導体中の電子の熱運動(a)と 2 次元の熱速度成分(b)

が結晶の3次元方向のそれぞれについて $k_BT/2$ ずつ等分配される（**デュロン・プティの法則**，Dulong–Petit law）ため，電子系と格子系の間の熱平衡状態では式(3.5)のように書ける。ここで v_{th} は**熱速度**（thermal velocity），k_B はボルツマン定数，T は絶対温度である。結晶内の x, y, z 方向における速度成分を v_x, v_y, v_z とすると $v_{th} = (v_x^2 + v_y^2 + v_z^2)^{1/2}$ となり，2次元面内での速度成分は図(b)のように円状（等速円運動）になり，その半径が熱速度 v_{th} に相当する。また，式(3.5)の左辺の運動エネルギーに電子波の運動量 $p = h/\lambda$ を用いると，式(3.6)のように結晶中の電子波の波長 λ を求めることができる。ここで h はプランク定数である。

$$\frac{1}{2}m^* {v_{th}}^2 = \frac{3}{2}k_BT \qquad \therefore \quad v_{th} = \sqrt{\frac{3k_BT}{m^*}} \tag{3.5}$$

$$\frac{1}{2m^*}\left(\frac{h}{\lambda}\right)^2 = \frac{3}{2}k_BT \qquad \therefore \quad \lambda = \frac{h}{\sqrt{3m^*k_BT}} \tag{3.6}$$

3.3　ドリフト運動・移動度

本節では，半導体結晶に一様な電界が印加されているときのキャリヤの運動について考える。前節で述べた熱運動（熱速度 v_{th}）も同時に考え，電界 ε が印加されたときの電子の運動は**図3.7**(a)のようになる。電子は激しい熱運動をしながら＋電極側（$+x$ 方向）へ移動していく。このときの2次元面内での速度成分は，図(b)のように半径が熱速度 v_{th} の円が $+x$ 方向にシフトした形になる。このシフトした平均速度成分 $\langle v_x \rangle$ が**ドリフト速度**（drift velocity）v_d に相当し，その大きさは式(3.7)のように電界 ε に比例する。その比例係数はすでに3.1節で述べた移動度 μ である。

$$v_d = \mu\varepsilon \tag{3.7}$$

この移動度の中身について考える。電子が結晶内で一度散乱してつぎにまた散乱するまでの平均時間 τ を**平均自由時間**（mean free time）といい，**衝突時間**（collision time）または**緩和時間**（relaxation time）とも呼ばれる。このと

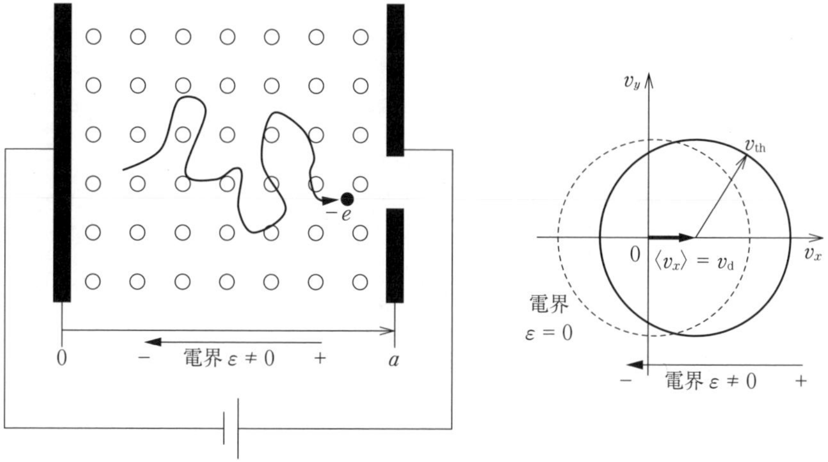

(a) (b)

図 3.7 電界印加時の電子の運動 (a) と速度成分 (b)

きの電子の運動量は，有効質量 m^* とドリフト速度 v_{d} の積となり，電界 ε による力を緩和時間 τ の間受けることと等しい。よって，移動度は式 (3.8) のように表される。e は電子の電荷である。

$$p = m^* v_{\mathrm{d}} = m^* \mu \varepsilon = e \varepsilon \tau$$

$$\therefore \quad \mu = \frac{e\tau}{m^*} \tag{3.8}$$

一般的に，ドリフト速度は熱速度に比べて十分に小さい。**図 3.8** のように電界を高くすると，電子のドリフト速度は電界に比例して増大するが結晶格子と激しく衝突するようになり，結晶格子の振動にエネルギーを消費し，ドリフト速度は次第に飽和するようになる。これを**飽和速度**（saturation velocity）といい，デバイスの動作速度の限界となることが多い。また，図には GaAs の電子のドリフト速度も示すが，電界を強くしていくと最大値を示した後，逆に速度が低下している。式 (3.8) より，ドリフト速度を決める移動度は有効質量 m^* に逆比例し，有効質量はエネルギー E と波数 k の分散関係で決まる（式 (1.20b)）。つまり，E-k 分散の曲率半径の小さい有効質量の軽い伝導帯のバンドにいた移動度の高い電子が，強電界になると曲率半径の大きい有効質量の重

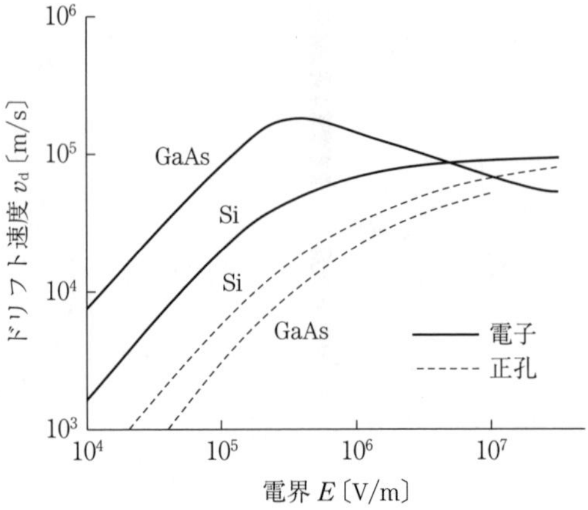

図 3.8　Si と GaAs のドリフト速度と電界の関係

い別のバンドに移っていくことで，移動度が低下する。電子が有効質量の重いバンドに完全に移動した後は，再び電界の上昇とともに緩やかに（小さい傾きで）増大することになる（図 1.22 (b) の GaAs のエネルギーバンド構造を参照)。

3.4　キャリヤの散乱

電子波は結晶の周期的な原子配列の中を障害なく進むことができるが，格子振動，不純物，欠陥などによりその周期性が乱されると，キャリヤは散乱を受ける。ここでは主要な散乱機構である**格子散乱**（lattice scattering）と**イオン化不純物散乱**（ionized impurity scattering）の二つの散乱要因に着目し，キャリヤの移動度と温度との関係について説明する。

図 3.9 に示す散乱体モデルを用いてキャリヤ散乱について考える。熱速度 v_{th} で移動するキャリヤが 1 回散乱を受けてつぎにまた散乱を受けるまでに進む平均自由行程 L は，v_{th} と平均自由時間 τ の積で表される（$L = v_{th}\tau$)。また，散乱体濃度 N_s の逆数である散乱体 1 個の体積を散乱断面積 S で割ると平均自由行程（$L = 1/SN_s$）となる。したがって，キャリヤが単位時間に散乱を

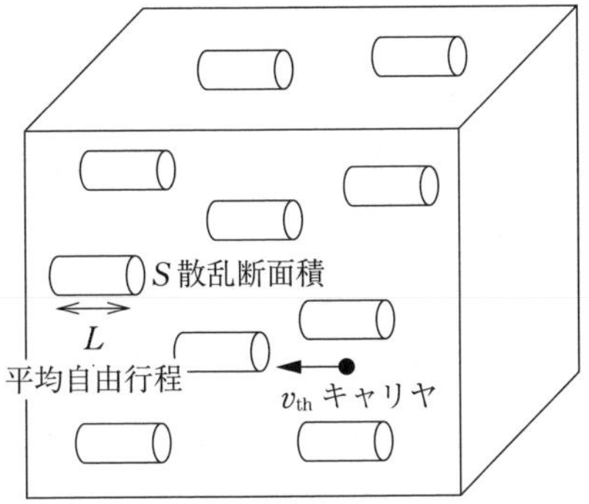

図 3.9　キャリヤ散乱の散乱体モデル

受ける頻度 τ^{-1} は式 (3.9) で求められる。

$$\tau^{-1} = v_{\rm th} S N_{\rm s} \tag{3.9}$$

格子振動による散乱は結晶内の原子配列の振動であり，この振動エネルギーは，古典的には振動振幅の 2 乗に比例するが，量子力学的には式 (3.10) で示される離散値となる。

$$E_{\rm phon} = \left(N_{\rm phon} + \frac{1}{2}\right)\hbar\omega \qquad (N_{\rm phon} = 0, 1, 2, \ldots) \tag{3.10}$$

ここで ω は固有角振動数で，$N_{\rm phon}$ は**フォノン**（phonon）と呼ばれるエネルギー量子の個数である。格子散乱は**フォノン散乱**（phonon scattering）とも呼ばれる。格子振動のエネルギーはフォノン 1 個のもつ $\hbar\omega$ の整数倍で決まり，格子振動によるキャリヤの散乱はフォノンの生成または消滅が起こることに対応する。格子振動における散乱断面積 S は絶対温度 T に比例し，また熱速度 $v_{\rm th}$ は $T^{1/2}$ に比例するため，式 (3.9) より格子振動による散乱頻度 ${\tau_{\rm phon}}^{-1}$ と絶対温度 T との関係は式 (3.11a) で表される。また移動度 $\mu_{\rm phon}$ は $\tau_{\rm phon}$ に比例するので式 (3.11b) となる。

$${\tau_{\rm phon}}^{-1} \propto T^{3/2} \tag{3.11a}$$

$${\mu_{\rm phon}}^{-1} \propto T^{3/2} \tag{3.11b}$$

つぎに，イオン化不純物散乱について考える。イオン化したドナーやアクセプタの不純物イオンは，キャリヤとの間のクーロン相互作用により散乱を及ぼす。よって，イオン化不純物による散乱頻度 $\tau_{\mathrm{imp}}{}^{-1}$ はイオン化不純物濃度 N_{i} に比例し，またイオン化不純物散乱における散乱断面積 S はキャリヤの速度の 4 乗に反比例するので，散乱頻度と絶対温度の関係は式 (3.12a) となり，移動度 μ_{imp} の温度依存性は式 (3.12b) となる。

$$\tau_{\mathrm{imp}}{}^{-1} \propto T^{-3/2} N_{\mathrm{i}} \tag{3.12a}$$

$$\mu_{\mathrm{imp}}{}^{-1} \propto T^{-3/2} N_{\mathrm{i}} \tag{3.12b}$$

格子散乱とイオン化不純物散乱の二つの散乱機構が共存するときの全散乱頻度 τ^{-1} は，式 (3.13a) のように二つの散乱頻度の和で与えられ，全移動度 μ も式 (3.13b) で表される。

$$\tau^{-1} = \tau_{\mathrm{phon}}{}^{-1} + \tau_{\mathrm{imp}}{}^{-1} \tag{3.13a}$$

$$\mu^{-1} = \mu_{\mathrm{phon}}{}^{-1} + \mu_{\mathrm{imp}}{}^{-1} \tag{3.13b}$$

図 3.10 に n 型 Si の電子の移動度の温度依存性を示す。上述の二つの散乱機構の共存による合成された移動度は，低温領域ではイオン化不純物散乱が支配的になり，高温側では格子散乱が支配的になることがわかる。また，ドナー不純物濃度が高くなると低温側でのイオン化不純物散乱の影響が強くなり，移動度が低下する。

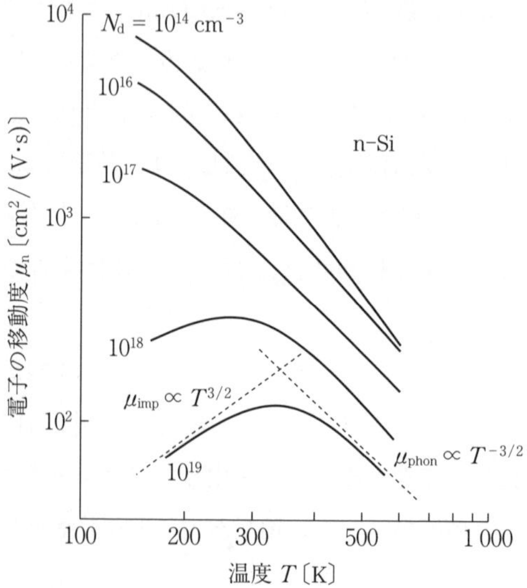

図 3.10　n 型 Si の電子移動度の温度依存性（ドナー不純物濃度変化）

3.5 ホ ー ル 効 果

ホール効果（Hall effect）[†]は，半導体中のキャリヤの流れに磁界を印加したときの起電力効果である。また，半導体のキャリヤ濃度や移動度の基本的な測定評価法として利用されている。本節では，ホール効果測定の原理について説明する。

図 3.11 のように n 型半導体の $+x$ 方向に電流 I を流し，その電流と垂直な $+y$ 方向に磁界（磁束密度 B）を印加したとき，電流と磁界の両者に垂直な z 方向に電位差 V_{H} が発生する。これを**ホール起電力**という。この電流と磁界により，n 型半導体中の多数キャリヤである伝導電子には $+z$ 方向のローレンツ力 $-e(\boldsymbol{v}\times\boldsymbol{B})$ が働き，半導体上部の $+z$ 側に電子が集まる。この電子分布の片寄りは電界を生じるため，電子には $-z$ 方向に向かうクーロン力 $-e\varepsilon_{\mathrm{H}}$ が働くことになる。このローレンツ力とクーロン力の釣合いにより，定常的なホール起電力 V_{H} が測定される。半導体試料の厚みを d とすると，電界 $\varepsilon_{\mathrm{H}} = V_{\mathrm{H}}/d$ より式 (3.14) の力の釣合いの式となる。

$$(-e)(-v)B + (-e)\varepsilon_{\mathrm{H}} = 0 \qquad (3.14)$$

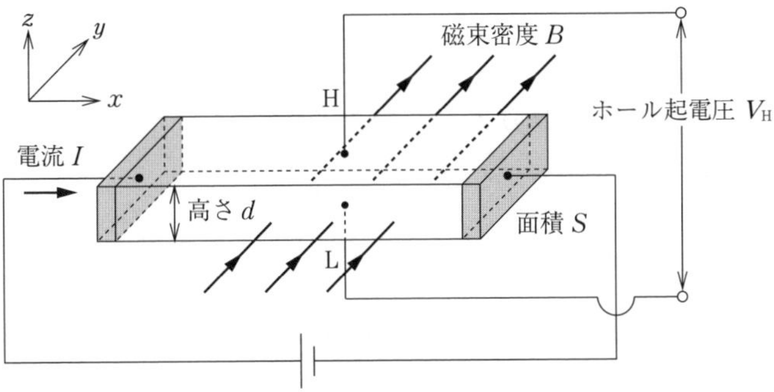

図 3.11　ホール効果測定

† このホールは，この効果を発見したエドウィン・ホール（Edwin Hall）から来るもので，正孔のホールとは違うので注意してほしい。

図3.11のn型半導体の場合は，L端を基準にするとH端のホール起電力 V_H の極性はマイナスとなり，p型半導体の場合には，多数キャリヤの正孔がH端子側に集まるので V_H はプラスの極性を示す。よって，ホール起電力の極性から半導体の導電型が同定できる。また，ホール起電力 V_H は電流 I と磁束密度 B に比例して増大する。この比例係数 K_H を**ホール係数**と定義し，試料の寸法によらないホール電界 ε_H を電流密度 J（$= I/S$, S：断面積）と磁束密度 B を用いて表すと，式(3.15)となる。

$$\varepsilon_H = K_H J B \tag{3.15}$$

式(3.14)より $\varepsilon_H = vB$ となり，またn型半導体の電流密度 $J_n = \sigma_n \varepsilon$（$\sigma_n$：導電率）より，式(3.15)のホール係数 K_H の絶対値は式(3.16)となる。

$$|K_H| = \left|\frac{\varepsilon_H}{J_n B}\right| = \left|\frac{vB}{J_n B}\right| = \left|\frac{v}{\sigma_n \varepsilon}\right| \tag{3.16}$$

また，n型半導体の導電率の式(3.17)より，式(3.16)は式(3.18a)となり，ホール係数 K_H の値がわかると電子濃度 n が求められる。p型半導体の場合は式(3.18b)となり，正孔濃度 p が求められる。

$$\sigma_n = en\mu_n \tag{3.17}$$

$$|K_H| = \left|\frac{v}{en\mu_n \varepsilon}\right| = \left|\frac{v}{env}\right| = \left|\frac{1}{en}\right| \tag{3.18a}$$

$$|K_H| = \left|\frac{1}{ep}\right| \tag{3.18b}$$

さらに，式(3.17)と式(3.18a)より式(3.19)が得られ，ホール係数 K_H と導電率 σ_n から移動度 μ_n を求めることができる。

$$\mu_n = \frac{\sigma_n}{en} = K_H \sigma_n \tag{3.19}$$

以上のように，外因性半導体のホール効果を測定することにより，多数キャリヤの種類，キャリヤ濃度および移動度を求めることができる。また，絶縁性の基板上に作製された半導体薄膜のホール効果測定については，**van der Pauw 法**と呼ばれる方法がある。

3.6 キャリヤの拡散

ランダムな熱運動をしているキャリヤの濃度に分布があると，その濃度勾配に沿った拡散（diffusion）現象が起こる。電界が印加されなくてもキャリヤの拡散による流れ（拡散電流）が生じるため，デバイスの動作においても重要な役割を果たす。ここではキャリヤの拡散による流れを解析し，**拡散電流**（diffusion current）の式を導く。

温度が一様な半導体について，**図 3.12** のように x 方向に電子濃度 $n(x)$ が変化しているときの単位時間当り，単位面積当りに $x = 0$ の面を通過する電子の流速を考える。ここで電子の熱速度を v_{th}，平均自由行程を l とすると，$x = -l$ の電子の半分は $-x$ 方向へ，残りの半分は $+x$ 方向へ熱速度 v_{th} で移動することになる。よって，その左右に分かれる電子の流速 F_1 は式 (3.20a) のように表され，また $x = +l$ の電子の流速 F_2 についても同様に式 (3.20b) のように表される。したがって，$x = 0$ の面を通過する電子の正味の流速 F は式 (3.21) となる。

$$F_1 = \frac{1}{2}n(-l)v_{\mathrm{th}} \tag{3.20a}$$

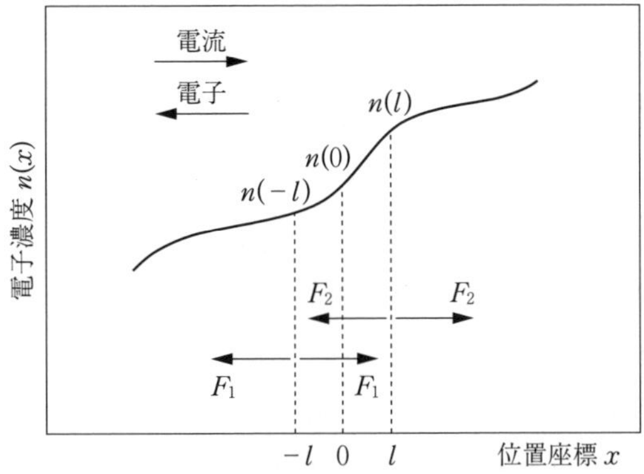

図 3.12　電子濃度分布による拡散現象

$$F_2 = \frac{1}{2} n(l) v_{\mathrm{th}} \tag{3.20b}$$

$$F = F_1 - F_2 = \frac{1}{2} v_{\mathrm{th}} \{n(-l) - n(l)\} \tag{3.21}$$

ここで，式 (3.21) における $x = \pm l$ の電子濃度 n をそれぞれテイラー展開の第 2 項まで表すと，$x = 0$ の面を通過する電子の正味の流速 F は，式 (3.22) に示すように，その面における電子濃度の勾配（$\mathrm{d}n/\mathrm{d}x$）に比例することがわかる。その比例係数 $v_{\mathrm{th}} l$ が電子の**拡散係数**（diffusion coefficient）D_{n} として定義される。

$$\begin{aligned} F &= \frac{1}{2} v_{\mathrm{th}} \left[\left\{ n(0) - l \frac{\mathrm{d}n}{\mathrm{d}x} \right\} - \left\{ n(0) + l \frac{\mathrm{d}n}{\mathrm{d}x} \right\} \right] \\ &= - v_{\mathrm{th}} l \frac{\mathrm{d}n}{\mathrm{d}x} \\ &= - D_{\mathrm{n}} \frac{\mathrm{d}n}{\mathrm{d}x} \end{aligned} \tag{3.22}$$

したがって，電子の拡散電流密度 J_{n} は電子の素電荷 $-e$ を掛けて式 (3.23a) となる。また，正孔の拡散の場合は，拡散の流れの方向と電流の方向が同じであるため，拡散電流密度 J_{p} は式 (3.23b) となる。

$$J_{\mathrm{n}} = -eF = eD_{\mathrm{n}} \frac{\mathrm{d}n}{\mathrm{d}x} \tag{3.23a}$$

$$J_{\mathrm{p}} = -eD_{\mathrm{p}} \frac{\mathrm{d}p}{\mathrm{d}x} \tag{3.23b}$$

ところで，拡散係数はキャリヤの拡散のしやすさであり，キャリヤの移動度とも関係がある。式 (3.5) で示したように，キャリヤは熱エネルギーによって運動するため，拡散の場合は式 (3.24) のように 1 次元方向のキャリヤの運動を考えればよい。したがって，拡散係数の定義式（$D_{\mathrm{n}} = v_{\mathrm{th}} l$）に平均自由行程（$l = v_{\mathrm{th}} \tau$）を代入し，式 (3.24) の熱速度 v_{th} を代入する。さらに，平均自由時間 τ と移動度 μ_{n} の関係式の式 (3.8) を用いると式 (3.25) の関係式が得られる。この拡散係数と移動度の関係式をアインシュタインの関係式（式 (1.2) 参照）と呼ぶ。

$$\frac{1}{2}m^* {v_{\mathrm{th}}}^2 = \frac{1}{2}k_{\mathrm{B}}T \tag{3.24}$$

$$D_{\mathrm{n}} = v_{\mathrm{th}}l = v_{\mathrm{th}}(v_{\mathrm{th}}\tau) = {v_{\mathrm{th}}}^2\left(\frac{\mu_{\mathrm{n}}m^*}{e}\right) = \frac{k_{\mathrm{B}}T}{m^*}\left(\frac{\mu_{\mathrm{n}}m^*}{e}\right)$$

$$\therefore \quad eD_{\mathrm{n}} = k_{\mathrm{B}}T\mu_{\mathrm{n}} \tag{3.25}$$

3.7　キャリヤの連続式（ドリフト・拡散モデル）

n 型半導体の多数キャリヤの電子濃度 n_{n} は，熱平衡濃度 n_{n0} が高いために多数キャリヤの電子がわずかに出入りしてもほとんど変化せず，熱平衡濃度 n_{n0} に等しいと見なせる。しかし，少数キャリヤの正孔濃度 p_{n} は，熱平衡濃度 p_{n0} が低いために少数キャリヤの正孔の出入りの影響を受けて大きく変化する。よって，少数キャリヤの正孔の流入出を無視するわけにはいかない。

図 3.13 に示す n 型半導体中のある x 位置における微小体積 $S\mathrm{d}x$ 内の正孔（少数キャリヤ）の数の時間的増加割合は，x 位置の断面積 S を通過する正孔の流入束 $F_{\mathrm{p}}(x)$ と，$x + \mathrm{d}x$ 位置の断面積 S を通過する正孔の流出束 $F_{\mathrm{p}}(x + \mathrm{d}x)$ の差で決まる正味の増加流速を考えることになる。また，微小体積 $S\mathrm{d}x$ 内で正孔が生成される個数と同体積内で再結合により消滅する個数を考慮する必要があり，式 (3.26) のようになる。ここで，単位時間・単位体積当りの正孔の

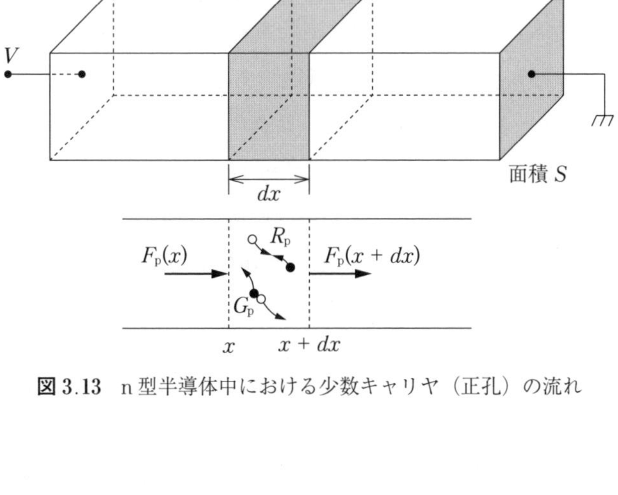

図 3.13　n 型半導体中における少数キャリヤ（正孔）の流れ

生成速度を G_p，再結合による消滅速度を R_p とする。

$$\frac{\partial p_n}{\partial t} S\mathrm{d}x = \{F_p(x) - F_p(x + \mathrm{d}x)\}S + (G_p - R_p)S\mathrm{d}x \tag{3.26}$$

式 (3.26) 中の正孔の流入出 F_p については，前節で述べたように，正孔の濃度勾配による拡散流束 F_{pD} と電界中のドリフト流束 $F_{p\varepsilon}$ を考える。まず，正孔の拡散流束 F_{pD} は，式 (3.23b) の拡散電流密度 J_p を素電荷 $-e$ で割ったものとなり，式 (3.26) に代入して変形すると式 (3.27) となる。

$$\frac{\partial p_n}{\partial t} = \frac{\mathrm{d}}{\mathrm{d}x}\left\{D_p \frac{\partial p_n(x)}{\partial x} - D_p \frac{\partial p_n(x + \mathrm{d}x)}{\partial x}\right\} + G_p - R_p$$

$$= D_p \frac{\partial^2 p_n}{\partial x^2} + G_p - R_p \tag{3.27}$$

つぎに，一様な電界 ε による正孔のドリフト流速 $F_{p\varepsilon}$ について考えると，x 位置の断面積 S を通過する正孔のドリフト流入束 $F_p(x)$ は，ドリフト速度の式 (3.7) より $F_p(x) = p_n(x)\mu_p\varepsilon$ と表され，式 (3.26) に代入して変形すると式 (3.28) が得られる。もし電界 ε が一様でない場合は，電界 $\varepsilon(x)$ の偏微分項の $-p_n\mu_p(\partial\varepsilon/\partial x)$ を含めることになる。

$$\frac{\partial p_n}{\partial t} = \frac{\mathrm{d}}{\mathrm{d}x}\{p(x)\mu_p\varepsilon - p(x + \mathrm{d}x)\mu_p\varepsilon\} + G_p - R_p$$

$$= -\mu_p\varepsilon \frac{\partial p_n}{\partial x} + G_p - R_p \tag{3.28}$$

式 (3.27) と式 (3.28) の中の正孔の生成速度 G_p および再結合による消滅速度 R_p は，微小体積 $S\mathrm{d}x$ 内で共通に起きているものである。キャリヤ濃度は熱平衡状態からずれた $pn \neq n_i^2$ の非平衡状態であり，キャリヤの生成速度には光照射などによるキャリヤの励起がある。少数キャリヤ（正孔の場合）の寿命を τ_p とすると，再結合による消滅速度はキャリヤ濃度に比例し $R_p = p_n/\tau_p$ となる。ここで，少数キャリヤ寿命 τ とキャリヤ散乱の平均自由時間 τ とは区別しなければならないことに注意する。熱平衡状態ではキャリヤの熱生成速度 G_0 と再結合速度 R_0 が釣り合い，式 (3.29) に示すように，熱平衡の正孔濃度 p_{n0} が時間変化なく一定に保たれている。しかし非平衡状態では，熱平衡状態の少数キャリヤ濃度との差について再結合速度を考えることになり，再結合による消滅速度 R_{p} は式 (3.30) のように表される。

$$G_0 = R_0 = \frac{p_{\mathrm{n0}}}{\tau_{\mathrm{p}}} \tag{3.29}$$

$$R_{\mathrm{p}} = \frac{p_{\mathrm{n}} - p_{\mathrm{n0}}}{\tau_{\mathrm{p}}} \tag{3.30}$$

以上より，拡散現象およびドリフト現象（一様電界）の両方が存在し，キャリヤの生成と再結合を含めた**キャリヤの連続の式**（continuous equation of carrier）は，正孔および電子についてそれぞれ式 (3.31a) と式 (3.31b) で表される。

$$\frac{\partial p_{\mathrm{n}}}{\partial t} = D_{\mathrm{p}}\frac{\partial^2 p_{\mathrm{n}}}{\partial x^2} - \mu_{\mathrm{p}}\varepsilon\frac{\partial p_{\mathrm{n}}}{\partial x} + G_{\mathrm{p}} - \frac{p_{\mathrm{n}} - p_{\mathrm{n0}}}{\tau_{\mathrm{p}}} \tag{3.31a}$$

$$\frac{\partial n_{\mathrm{p}}}{\partial t} = D_{\mathrm{n}}\frac{\partial^2 n_{\mathrm{p}}}{\partial x^2} + \mu_{\mathrm{n}}\varepsilon\frac{\partial n_{\mathrm{p}}}{\partial x} + G_{\mathrm{n}} - \frac{n_{\mathrm{p}} - n_{\mathrm{p0}}}{\tau_n} \tag{3.31b}$$

3.8　キャリヤの誘電緩和

熱平衡状態の半導体内では電気的中性条件が成り立っている。n 型半導体の位置 $\boldsymbol{r}$，時刻 $t = 0$ において，外部から式 (3.32) の正味の電荷 $\rho(\mathrm{r}, 0)$ が注入されたとする。一瞬，電気的中性条件が崩れ，時刻 t における電子および正孔の濃度はそれぞれ式 (3.33a, b) で表され，正味の電荷は式 (3.34) となる。ここで，熱平衡状態における電子濃度を n_{n0}，正孔濃度を p_{n0} とする。

$$\rho(\boldsymbol{r}, 0) = e\{\Delta p(r, 0) - \Delta n(\boldsymbol{r}, 0)\} \tag{3.32}$$

$$n(\boldsymbol{r}, t) = n_{n0} + \Delta n(\boldsymbol{r}, t) \tag{3.33a}$$

$$p(\boldsymbol{r}, t) = p_{n0} + \Delta p(\boldsymbol{r}, t) \tag{3.33b}$$

$$\rho(\boldsymbol{r}, t) = e\{\Delta p(\boldsymbol{r}, t) - \Delta n(\boldsymbol{r}, t)\} \tag{3.34}$$

正味の電荷が存在すると式 (3.35) の**ポアソン方程式**（Poisson's equation）に従う電界 $\boldsymbol{\varepsilon}(\boldsymbol{r}, t)$ が発生する。ここで ε は半導体の誘電率である。また，拡散による流れは無視できるとし，電界発生による電子の流れについては，導電率をσとする電流密度$\boldsymbol{J}$の式(3.36)および連続の式の式(3.37)が成り立つ。よって，式(3.37)に式(3.35)と式(3.36)を代入して整理すると，式(3.38)の過剰な電荷濃度$\rho(\boldsymbol{r},t)$の時間変化の方程式が得られる。

$$\mathrm{div}\,\boldsymbol{\varepsilon}(\boldsymbol{r},t)=\frac{\rho(\boldsymbol{r},t)}{\varepsilon} \tag{3.35}$$

$$\boldsymbol{J}=\sigma\boldsymbol{\varepsilon} \tag{3.36}$$

$$\frac{\partial\rho(\boldsymbol{r},t)}{\partial t}=-\,\mathrm{div}\,\boldsymbol{J}(\boldsymbol{r},t) \tag{3.37}$$

$$\frac{\partial\rho(\boldsymbol{r},t)}{\partial t}+\frac{\sigma}{\varepsilon}\rho(\boldsymbol{r},t)=0 \tag{3.38}$$

式(3.38)を解くと式(3.39)が得られる。したがって，このn型半導体に注入された過剰な電荷濃度$\rho(\boldsymbol{r},t)$は，時間経過とともに時定数（ε/σ）で指数関数的に減少し，電気的中性を満たす熱平衡状態に戻る。この現象を**誘電緩和**（dielectric relaxation）といい，ε/σを**誘電緩和時間**（dielectric relaxation time）と呼ぶ。一般的な半導体の誘電緩和時間は10^{-12} s（1 ps）程度ときわめて短いため，すぐに中和される。よって，一様な半導体では実質的には絶えず電気的中性が満たされていると考えてよい。つまり，瞬間的に式(3.40)が成り立つため，式(3.34)の過剰な電荷濃度$\rho(\boldsymbol{r},t)$は零となる。

$$\rho(\boldsymbol{r},t)=\rho(\boldsymbol{r},0)\exp\left(-\frac{t}{\varepsilon/\sigma}\right) \tag{3.39}$$

$$\varDelta n(\boldsymbol{r},t)=\varDelta p(\boldsymbol{r},t) \tag{3.40}$$

このn型半導体に少数キャリヤの正孔（$\varDelta p(\boldsymbol{r},0)$）を注入したときの誘電緩和現象を**図3.14**(a)に示す。注入された過剰な正孔によって誘電緩和現象が起こり，過剰な電荷濃度$\rho(\boldsymbol{r},t)=0$となるようにアースから多数キャリヤの電子$\varDelta n$を引き込む。また，多数キャリヤの電子（$\varDelta n(\boldsymbol{r},0)$）を注入した場合も，図(b)に示すように，電荷$\rho(\boldsymbol{r},t)=0$となるようにアースから少数キャリヤの正孔$\varDelta p$が引き込まれる（つまり電子$\varDelta n$がアースに抜ける）。

以上のように，誘電緩和により過剰な電荷濃度$\rho=e(\varDelta p-\varDelta n)$が高速に零になることがわかったが，注入された過剰なキャリヤ濃度$\varDelta p$や$\varDelta n$が高速

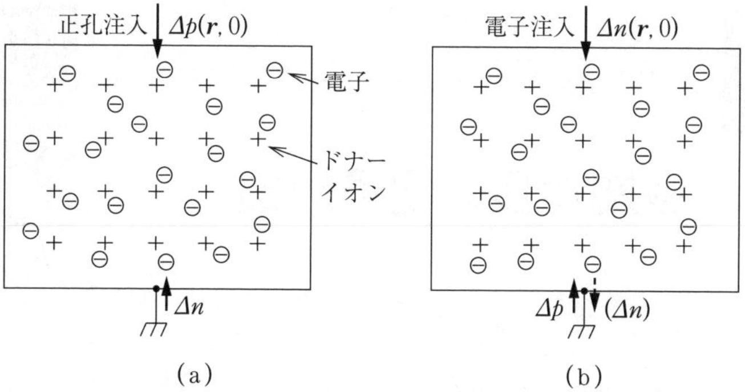

図 3.14 n 型半導体への少数キャリヤ（正孔）の注入 (a) と多数キャリヤ（電子）の注入 (b)

に零になるわけではない。過剰なキャリヤが消滅するには再結合過程を経なければならない。この再結合過程は誘電緩和過程に比べてはるかに遅く，前節の式 (3.31) のキャリヤ濃度の連続の式に従うことになる。

4 金属からの電子放出

金属からの熱電子放出，電界放出，二次電子放出，そして光電子放出について概説する。金属と半導体との接合における電流・電圧特性については，5章の5.2節で述べる。

4.1 熱電子放出

金属中の電子が熱的に真空中に放出される現象を，**熱電子放出**（thermo-electron emission）と呼ぶ。金属中の電子が真空準位と金属のフェルミ準位 E_F のエネルギー差である仕事関数 $e\phi_m$ 以上のエネルギーをもち，かつ金属表面から真空側へ向かう速度成分をもっていれば，熱電子放出が起こる。この熱電子放出の電流密度 J_{TE} は式 (4.1) で与えられる。

$$J_{TE} = \int ev_x \mathrm{d}n \tag{4.1}$$

ここで，v_x は金属表面から真空側へ向かう速度成分である。$\mathrm{d}n$ は真空準位以上のエネルギー領域 $E \sim E + \mathrm{d}E$ にある電子濃度で，式 (4.2) のように金属の電子の状態密度 $D(E)$ とフェルミ・ディラック分布関数 $f(E)$ で表される。$D(E)$ と $f(E)$ はそれぞれ式 (4.3) と式 (4.4) で与えられ，$E - E_F > 3k_BT$ の場合は，式 (4.4) の右辺と近似される（ボルツマン近似）。電子のエネルギー分布は**図 4.1** のようになり，電流密度の式 (4.1) は式 (4.5) となる。

$$\mathrm{d}n = D(E)f(E)\mathrm{d}E \tag{4.2}$$

$$D(E) = \frac{4\pi}{h^3}(2m)^{3/2}E^{1/2} \tag{4.3}$$

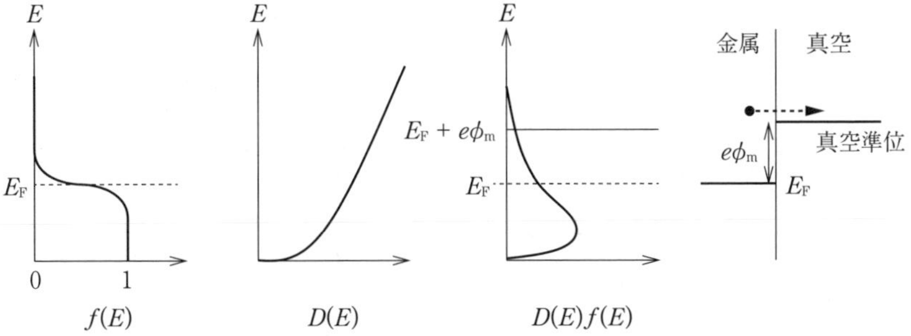

(a) フェルミ・ディラック分布関数 (b) 状態密度 (c) 電子濃度分布 (d) 熱電子放出

図 4.1 金属から真空中への熱電子放出

$$f(E) = \frac{1}{1 + \exp\{(E - E_F)/(k_B T)\}} \cong \exp\left(-\frac{E - E_F}{k_B T}\right) \tag{4.4}$$

$$\begin{aligned} J_{TE} &= \frac{4\pi e(2m)^{3/2}}{h^3}\int_{E_F + e\phi_m}^{\infty} v_x E^{1/2}\exp\left(-\frac{E - E_F}{k_B T}\right)dE \\ &= \frac{4\pi e m^2 k_B T}{h^3}\int_{v_{x0}}^{\infty} v_x \exp\left(-\frac{m v_x^{\ 2}/2 - E_F}{k_B T}\right)dv_x \end{aligned} \tag{4.5}$$

ここで v_{x0} は式 (4.6) であり，式 (4.5) を積分すると式 (4.7) となる。この電流密度の式は**リチャードソン・ダッシュマンの式**（Richardson–Dushman equation）と呼ばれ，R を**リチャードソン定数**（Richardson constant）と呼び，式 (4.8) で表される。

$$v_{x0} = \left\{\frac{2(E_F + e\phi_m)}{m}\right\}^{1/2} \tag{4.6}$$

$$J_{TE} = R T^2 \exp\left(-\frac{e\phi_m}{k_B T}\right) \tag{4.7}$$

$$R = \frac{4\pi e m k_B^{\ 2}}{h^3} = 120\ \mathrm{A/(K\cdot cm)^2} \tag{4.8}$$

金属表面から放出された電子は，**図 4.2** (a) に示すように，その電子の鏡像電荷による引力 $F(x)$ を受ける。この**鏡像電荷**（mirror image charge）の効果を考慮すると，表面付近での電子に対する位置エネルギー $U(x)$ は，無限遠を零エネルギーとすると式 (4.9) となり，図 (b) のようにステップ状の位置エネ

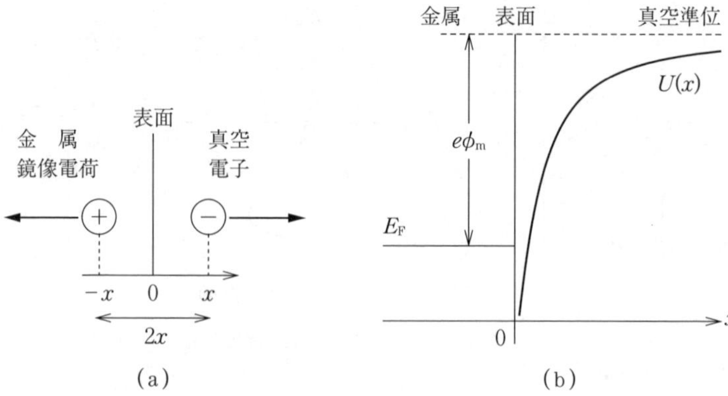

図 4.2　金属から真空中への電子放出における鏡像電荷の効果 (a) と表面付近の位置エネルギー (b)

ルギーが丸味を帯びた分布になる。

$$U(x) = -\int_{\infty}^{x} F\mathrm{d}x = -\int_{\infty}^{x} \frac{e^2}{4\pi\varepsilon_0(2x)^2}\,\mathrm{d}x$$

$$= -\frac{e^2}{16\pi\varepsilon_0 x} \tag{4.9}$$

高融点金属のタングステン（W）を用いた熱フィラメントの場合，1 500℃以上の高温に加熱された状態で実用的な電流密度が得られるようになり，電子顕微鏡などの電子源として利用されている。

4.2　電界電子放出

電界を印加して金属から電子を引き抜く現象を**電界電子放出**（field emission）という。電界 ε が印加されたときの位置エネルギー $U(x)$ は，式 (4.9) より式 (4.10) となる。**図 4.3** に示すように，障壁のピークが $x = x_m$ にずれ，かつ障壁の高さが $e\Delta\phi_m$ だけ減少する。この電界による障壁の高さの低減を，**ショットキー効果**（Schottky effect）と呼んでいる。

$$U(x) = -\frac{e^2}{16\pi\varepsilon_0 x} - e\varepsilon x \tag{4.10}$$

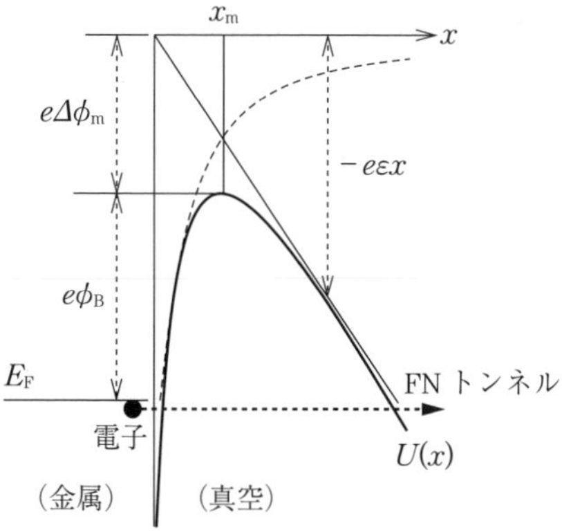

図 4.3 金属から真空中への電界電子放出

図 4.3 のように高い電界を印加して位置エネルギーの傾斜を強くすると，三角状のエネルギー障壁が薄くなっていき,金属内の電子が**トンネル効果**（tunneling effect）によって真空に放出される。このような三角形状ポテンシャル障壁のトンネル効果による電流密度は式 (4.11) で表され，**ファウラー・ノルドハイムの式**（Fowler–Nordheim equation）と呼ばれている。ここで，$e\phi_B$ は障壁の高さ，ε は電界，A, B は係数である。

$$J = \frac{A}{\phi_B}\varepsilon^2 \exp\left(-\frac{B\phi_B{}^{3/2}}{\varepsilon}\right) \tag{4.11}$$

電界放出の場合は，熱電子放出のように金属を高温に熱する必要がなく，電子顕微鏡用の電界放出型の電子源として利用されている。また，半導体を針状に微細加工し，電界放出電子源としてマトリックス状に配列した表示デバイスなどへの応用も可能である。

4.3 二次電子放出

高いエネルギーの電子（一次電子）を金属表面に衝突させると，一次電子の反射の他に金属内部の電子（二次電子）が真空準位を超えるエネルギーをもらって外部に放出される。この現象を**二次電子放出**（secondary electron emission）という。エネルギーの高い一次電子を金属表面に垂直に入射させると，金属内部の奥深くまで一次電子が侵入しながら二次電子を生成するが，奥で生成された二次電子は表面に達するまでにエネルギーが失われるため，真空準位を超えて放出される量が少なくなる。一方，一次電子を金属表面に斜めから入射させると，**図 4.4** に示すように表面近くで生成された二次電子が多く，二次電子の放出量も多くなる。

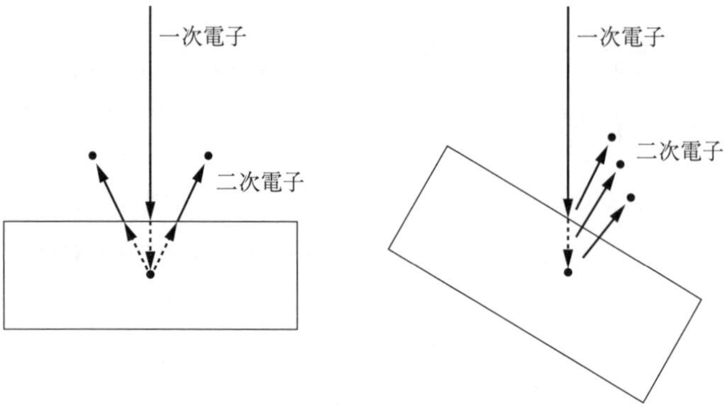

図 4.4　金属から真空中への二次電子放出

上述のような一次電子から直接エネルギーをもらうことで二次電子が放出されること以外に，**オージェ電子**（Auger electron）の放出もある。**図 4.5** に示すように，一次電子のエネルギーによって金属物質の内殻電子が抜けた位置 A に，エネルギー準位の高い B の電子が緩和する際に，その内殻準位間のエネ

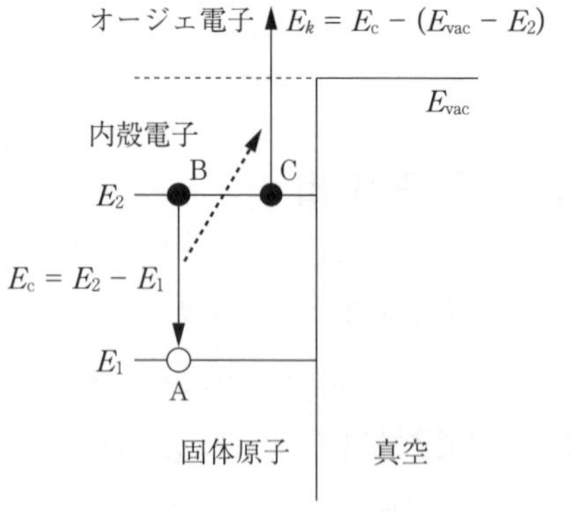

図 4.5　金属から真空中への
オージェ電子の放出

ルギー差に相当するエネルギーをもらった別の内殻電子Cが外部に放出される効果で，**オージェ効果**と呼ばれる。このオージェ電子は一次電子のエネルギーによらず，原子の内殻電子のエネルギー準位差を反映するため，オージェ電子を調べることで元素分析ができる。

4.4 光 電 子 放 出

金属表面にエネルギー $h\nu$ の光子を照射し，金属内部の電子に仕事関数 $e\phi_m$ 以上のエネルギーを与えると，**図 4.6** に示すようにその電子は真空中に放出される。これを**光電子放出**（photoemission）といい，その効果を**外部光電効果**（external photoelectric effect）という。よって，真空中に放出された電子のもつ最大の運動エネルギー E_{max} は，式 (4.12) で表される。

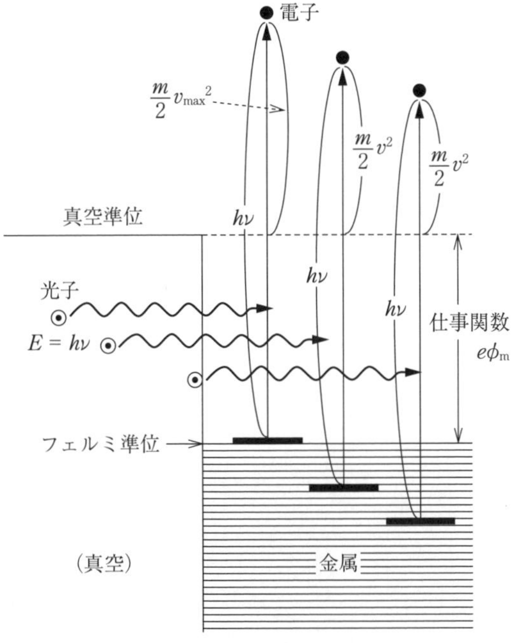

図 4.6　金属から真空中への光電子放出

$$E_{\mathrm{max}} = \frac{1}{2} m v_{\mathrm{max}}{}^{2} = h\nu - e\phi_{\mathrm{m}} \tag{4.12}$$

ちなみに内部光電効果とは，半導体や絶縁体へ光照射することで伝導電子が増加し，電気伝導率が増す現象のことである。

5 半導体の接合

半導体結晶内で電子や光を制御するデバイスの基本構造として，p 型半導体と n 型半導体を接合した pn 接合，金属-半導体接合，絶縁体-半導体接合，そして異なる種類の半導体結晶を接合した半導体ヘテロ接合がある。さらに，半導体の 2 重の異種接合で電子波を量子閉じ込め構造とした量子井戸構造も開発され，さまざまな光電子デバイスへ応用されている。本章では，絶縁体-半導体接合を除く上記の基本的な半導体接合構造について解説する。

5.1 pn 接 合

5.1.1 pn 接合のエネルギーバンド図

図 5.1 (a) には接合前の p 型半導体と n 型半導体を示す。両半導体を接合させると，p 型半導体中の熱運動している正孔が拡散により n 型半導体へ移動し，n 型半導体中の電子も拡散により p 型半導体へ移動する。このとき pn 接合面を通して双方から拡散してくる電子と正孔は再結合して消滅するため，接合面付近にはドナー不純物の + イオンとアクセプタ不純物の − イオンが残り，**空間電荷層**（space charge layer）を形成する。この空間電荷層はキャリヤが存在しないため，**キャリヤの空乏層**（depletion layer）ともいう。空乏層中の p 型領域では，アクセプタイオンの負電荷が現れるためエネルギーバンドは上がり，n 型領域では，ドナーイオンの正電荷が現れるためエネルギーバンドは下がる（図 (b)）。**電気二重層**（electric double layer）である空乏層中のドナーイオンとアクセプタイオンの間には電気力線が終端し，電界が発生している。この電界の方向はキャリヤの拡散を引き戻す方向に働き，拡散による移動と電

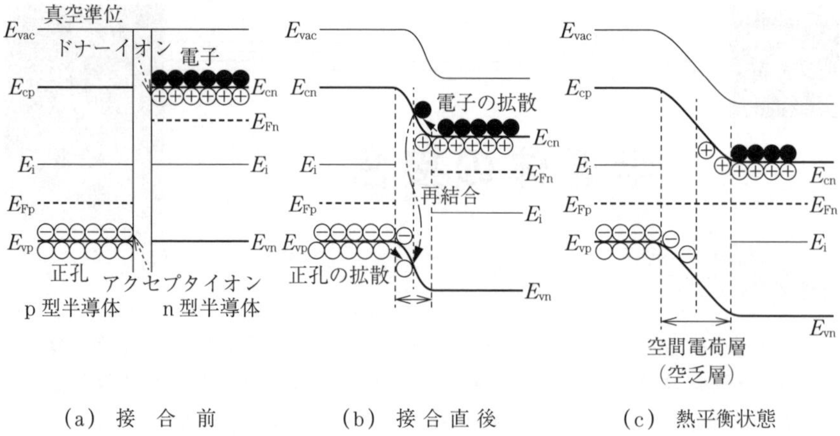

図 5.1　pn 接合のエネルギーバンド図（添字の c は伝導帯，v は価電子帯，n は n 型，p は p 型を意味する）

界による移動がちょうど釣り合ったところで平衡状態に達する（図 (c)）。

熱平衡状態では電子と正孔の移動はなく，p 型領域と n 型領域のフェルミ準位は一致し，電子および正孔に対する電位障壁が形成される。**図 5.2** のように，その障壁の高さを $e\psi_D$ で表したときの ψ_D を**拡散電位**（diffusion potential），または**内部電位**（built-in potential）という。この拡散電位 ψ_D は，接合前の p 型半導体および n 型半導体のフェルミ準位の差に等しいことになる。接合後は，p 型領域と n 型領域における電子と正孔の接合面を通した流れが釣り合

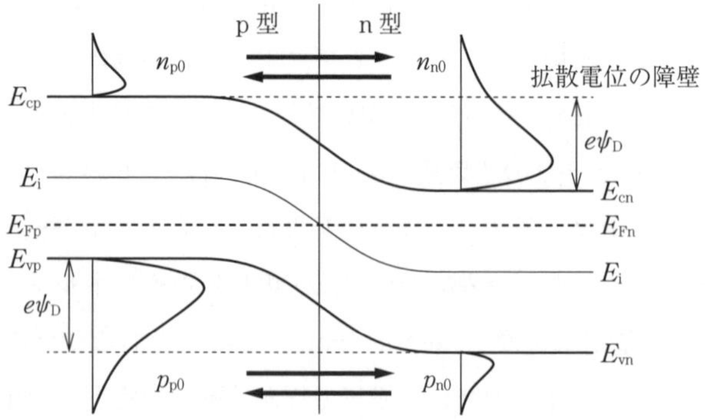

図 5.2　pn 接合のエネルギーバンド図

い，n層の多数キャリヤである電子濃度n_{n0}の式(5.1a)とp層の少数キャリヤである電子濃度n_{p0}の式(5.1b)が等しい（$n_{n0} = n_{p0}$）とおける。

$$n_{n0} = N_c \exp\left(-\frac{E_{cn} - E_{Fn}}{k_B T}\right) \tag{5.1a}$$

$$n_{p0} = N_c \exp\left(-\frac{E_{cp} - E_{Fp}}{k_B T}\right) \tag{5.1b}$$

ここで，接合後のフェルミ準位は一致（$E_{Fn} = E_{Fp}$）しているため，式(5.1a, b)より拡散電位ψ_Dは式(5.2)となり，p型半導体のアクセプタ不純物濃度N_Aとn型半導体のドナー不純物濃度N_D，そして真性キャリヤ濃度n_iより求めることができる。

$$\psi_D = \frac{k_B T}{e} \exp\left(\frac{n_{n0}}{n_{p0}}\right) = \frac{k_B T}{e} \exp\left(\frac{N_D N_A}{n_i^2}\right) \tag{5.2}$$

5.1.2 空　乏　層

図5.3(a)のように$x = 0$にpn接合面を有し，アクセプタ濃度N_Aおよびドナー濃度N_Dがそれぞれ一様な階段型のpn接合について考える。ドナーとアクセプタは完全にイオン化しているとすると，半導体内の電荷密度$\rho(x)$は式(5.3)で表される。空乏層内では$p, n \ll N_A, N_D$と見なされるので，図(b)のように空乏層内の電荷密度は式(5.4a, b)となる。また，$x < -x_p$および$x > x_n$の領域では電気的中性であるため空間電荷は存在せず，$\rho(x) = 0$である。

$$\rho(x) = e(p - n + N_D - N_A) \tag{5.3}$$

$$\rho(x) = -eN_A \qquad (-x_p \leqq x < 0) \tag{5.4a}$$

$$\rho(x) = eN_D \qquad (0 \leqq x \leqq x_n) \tag{5.4b}$$

空乏層内のドナーイオンとアクセプタイオンの間の電気力線は，すべて接合面を垂直に通る。**ガウスの定理**（Gauss theorem）より接合面の電界は最大となり，式(5.5)が成り立つ。

$$N_A x_p = N_D x_n \tag{5.5}$$

空乏層内の電界分布$\varepsilon(x)$および電位分布$V(x)$は，式(5.6a, b, c)の各境界

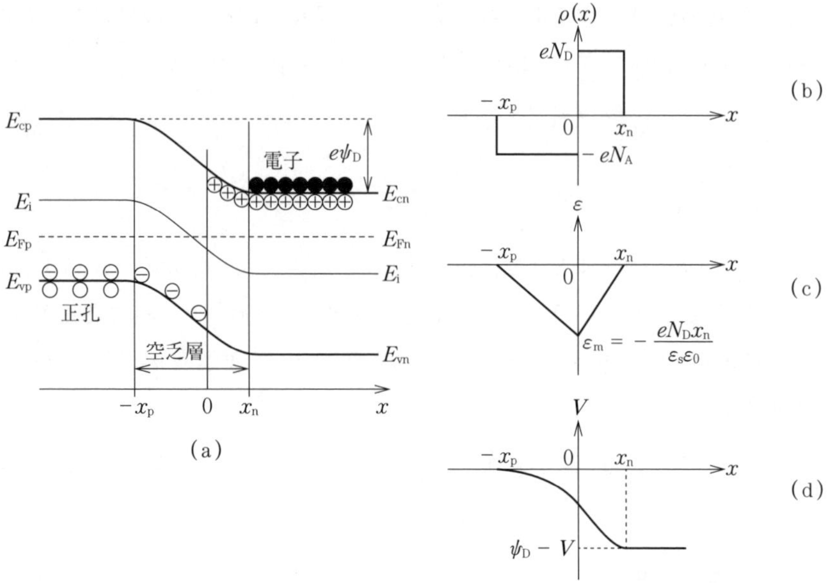

図 5.3　pn 接合のエネルギーバンド図（印加電圧 $V = 0$）(a)，電荷密度分布 (b)，電界分布 (c)，電位分布（印加電圧 V）(d)

$(x = -x_p, 0, x_n)$ における連続条件を満たすようにポアソン方程式を解くことで求められる。

$$V(-x_p) = 0, \qquad \varepsilon(-x_p) = -\left.\frac{\mathrm{d}V(x)}{\mathrm{d}x}\right|_{x=-x_p} = 0 \tag{5.6a}$$

$$V(-0) = V(+0), \qquad \varepsilon(-0) = \varepsilon(+0) \tag{5.6b}$$

$$V(x_n) = \psi_D - V, \qquad \varepsilon(x_n) = -\left.\frac{\mathrm{d}V(x)}{\mathrm{d}x}\right|_{x=x_n} = 0 \tag{5.6c}$$

ここで，ψ_D は拡散電位，V は外部からの印加電圧で，p 型側が正のとき $V > 0$ とする。空乏層以外の電気中性領域の抵抗は十分小さいのでその電圧降下は無視し，印加電圧 V はすべて空乏層領域にかかっているものとする。以下では $-x_p \leqq x < 0$ の領域と $0 \leqq x \leqq x_n$ の領域に分けて解析する。

(i)　$-x_p \leqq x < 0$ の領域では，ポアソン方程式は式 (5.7) となり，式 (5.6a) の境界条件を用いると，電界分布 $\varepsilon(x)$ と電位分布 $V(x)$ は式 (5.8a, b) となる。

$$\frac{\mathrm{d}^2 V(x)}{\mathrm{d}x^2} = -\frac{eN_A}{\varepsilon_s} \tag{5.7}$$

$$\varepsilon(x) = -\frac{\mathrm{d}V(x)}{\mathrm{d}x} = -\frac{eN_A}{\varepsilon_s}(x + x_p) \tag{5.8a}$$

$$V(x) = -\frac{eN_A}{\varepsilon_s}(x + x_p)^2 \tag{5.8b}$$

(ii) $0 \leqq x \leqq x_n$ の領域では，式(5.9)のポアソン方程式を式(5.6b)と式(5.6c)の境界条件を用いて解くと，式(5.10a)と式(5.10b)が得られる。

$$\frac{\mathrm{d}^2 V(x)}{\mathrm{d}x^2} = \frac{eN_D}{\varepsilon_s} \tag{5.9}$$

$$\varepsilon(x) = -\frac{\mathrm{d}V(x)}{\mathrm{d}x} = \frac{eN_D}{\varepsilon_s}(x - x_n) \tag{5.10a}$$

$$V(x) = \frac{e(N_A + N_D)x_p x_n}{2\varepsilon_s} - \frac{eN_D}{2\varepsilon_s}(x - x_n)^2 \tag{5.10b}$$

以上の境界条件の式より，電界分布 $\varepsilon(x)$ と電位分布 $V(x)$ を図示すると，図5.3(c),(d)のようになる。最大電界 ε_m は式(5.11)より求まる。

$$\varepsilon_m = \varepsilon(0) = -\frac{eN_A x_p}{\varepsilon_s} = -\frac{eN_D x_n}{\varepsilon_s} \tag{5.11}$$

式(5.5)，式(5.6b)を式(5.8b)と式(5.10b)に適用すると，n型領域およびp型領域の空乏層の幅はそれぞれ次式で表される。

$$x_n = \sqrt{\frac{2\varepsilon_s N_A(\psi_D - V)}{e(N_A + N_D)N_D}} \tag{5.12a}$$

$$x_p = \sqrt{\frac{2\varepsilon_s N_D(\psi_D - V)}{e(N_A + N_D)N_A}} \tag{5.12b}$$

したがって，空乏層全体の幅 W は式(5.13)となり，また，式(5.13)で $V = 0$ とおいて拡散電位 ψ_D を求めると，式(5.14)を得る。

$$W = x_n + x_p = \sqrt{\frac{2\varepsilon_s(N_A + N_D)(\psi_D - V)}{eN_A N_D}} \tag{5.13}$$

$$\psi_D = \frac{eN_A N_D W^2}{2\varepsilon_s(N_A + N_D)} \tag{5.14}$$

つぎに，片側階段接合について考える。デバイス構造によってはpn接合の

N_A と N_D が極端に異なる場合がある。このときの空乏層は不純物濃度の低い，キャリヤ濃度の低い領域にのみ広がっていると近似できる。例えば，$N_A \gg N_D$ の場合は，$x_p/x_n \cong 0$ と見なせ，空乏層はn型側の領域のみの広がり（x_n）を考えればよい。したがって，$x = 0$ における式(5.11)の最大電界は式(5.15)となり，空乏層幅 W は式(5.12a)または式(5.13)で $N_A \gg N_D$ とおけば式(5.16)となる。さらに，拡散電位も同様に式(5.17)となる。

$$\varepsilon_m = -\frac{eN_D x_n}{\varepsilon_s} \tag{5.15}$$

$$W = |x_n| = \sqrt{\frac{2\varepsilon_s(\psi_D - V)}{eN_D}} \tag{5.16}$$

$$\psi_D = \frac{eN_D W^2}{2\varepsilon_s} = \frac{eN_D x_n^{\ 2}}{2\varepsilon_s} \tag{5.17}$$

5.1.3　擬フェルミ準位

熱平衡状態のフェルミ準位に対して，外部からの作用によりキャリヤが生成されたり，注入されたりする非平衡状態のフェルミ準位を記述するのに，**擬フェルミ準位**（quasi-Fermi level）を導入する。2章で述べたように，熱平衡状態の電子濃度 n_0 と正孔濃度 p_0 は，有効状態密度 N_c（伝導帯）および N_v（価電子帯）を用いるとそれぞれ式(2.10)および式(2.14)で表され，pn 積一定（$p_0 n_0 = n_i^2$）が成り立っている。この熱平衡状態のフェルミ準位 E_F をエネルギーバンド図で表すと，**図5.4**(a)のようになる。この半導体に，例えば，光を照射して電子-正孔対を生成させ，電子-正孔対の濃度が Δn（$= \Delta p$）だけ増加すると，電子および正孔に対する擬フェルミ準位 E_{Fn} と E_{Fp} を用いて，電子濃度 n と正孔濃度 p はそれぞれ式(5.18a, b)で表される。また，この非平衡状態のバンド図は図(b)のようになり，電子と正孔の擬フェルミ準位 E_{Fn} と E_{Fp} が導入される。

$$n = n_0 + \Delta n = N_c \exp\left(-\frac{E_c - E_{Fn}}{k_B T}\right) \tag{5.18a}$$

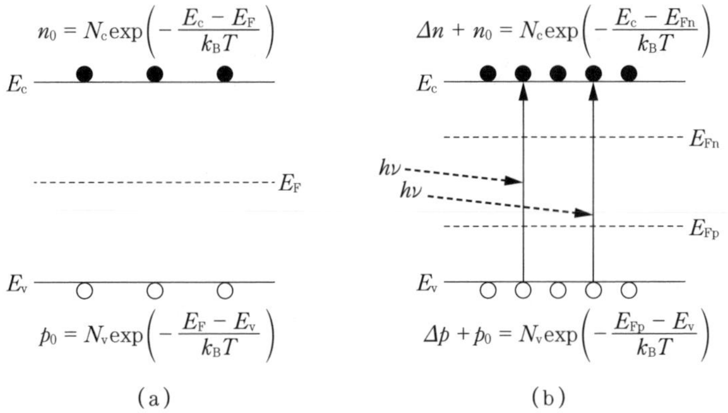

図 5.4 熱平衡状態のフェルミ準位(a)，光照射による非平衡状態の擬フェルミ準位(b)

$$p = p_0 + \Delta p = N_v \exp\left(-\frac{E_{Fp} - E_v}{k_B T}\right) \tag{5.18b}$$

5.1.4 バイアス印加 pn 接合のエネルギーバンド図

熱平衡状態の pn 接合のエネルギーバンド図では，5.1.1 項で述べたようにフェルミ準位が一定になっている（例えば，図 5.3 (a)）。いま，外部から順バイアス（p 型側に正，n 型側に負）の電圧 V を印加すると，**図 5.5** (a) のように接合面の拡散電位障壁は $e(\psi_D - V)$ に減少し，順バイアス電圧 V の増加により n 型側の多数キャリヤの電子および p 型側の多数キャリヤの正孔がそれぞれ障壁を超えて流れやすくなり，電流値は増大する。一方，逆バイアス（p 型側に負，n 型側に正）の電圧 $-V_R$ を印加すると，図 (b) のように接合面の拡散電位障壁は $e(\psi_D + V_R)$ に増大するため，接合領域に近い p 型側の少数キャリヤの電子および n 型側の少数キャリヤの正孔がそれぞれポテンシャルの低い空乏層領域にわずかながら落ち込むように流れ，後で述べる逆方向飽和電流の微小電流が流れる。以上より，pn 接合への外部印加電圧による整流性が定性的に説明される。

また，外部印加電圧が接合間に擬フェルミ準位の差を与え，接合電流を駆動していると考えることができる。**図 5.6** に示すように，順バイアス印加によっ

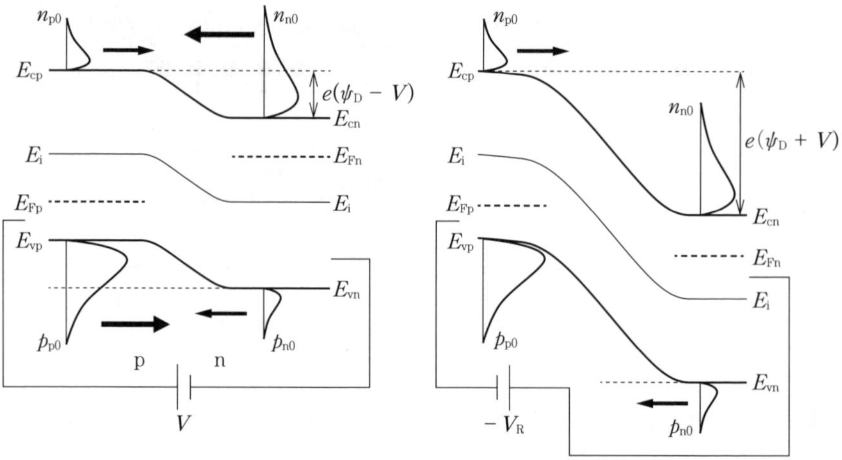

（a） 順バイアス電圧 V　　　　（b） 逆バイアス電圧 $-V_R$

図 5.5　pn 接合のエネルギーバンド図

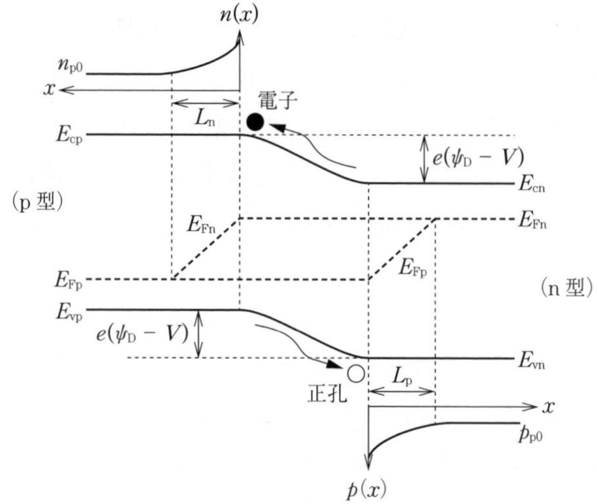

図 5.6　順バイアス電圧印加の pn 接合のエネルギーバンド図
（少数キャリヤの注入と擬フェルミ準位）

て電位障壁を超えてキャリヤが注入され，空乏層端（注入端）から電気的中性領域側に過剰なキャリヤ（少数キャリヤ）が拡散していく。過剰なキャリヤは再結合による消滅も増えるため徐々に濃度が低下し，注入端からおおよそ**拡散**

長（diffusion length）まで離れたところで熱平衡の少数キャリヤ濃度の値になる。したがって，少数キャリヤの擬フェルミ準位は注入端から拡散長まで徐々に低下し，拡散長より十分離れた領域では，それぞれの領域の多数キャリヤの擬フェルミ準位となる。

5.1.5 直流バイアス印加 pn 接合の電流-電圧特性

図 5.6 のように順バイアス電圧を印加した pn 接合における少数キャリヤの注入と電流について考える。まず，p 型領域への少数キャリヤの電子の注入について考える。p 型領域に Δn の電子濃度が注入されると，少数キャリヤの電子濃度 n_p は式 (5.19a) で表される。また，3.8 節で述べたように，誘電緩和により電気的中性条件を保つように，正孔濃度も Δp（$= \Delta n$）だけ増加する。しかし，p 型領域の多数キャリヤである正孔濃度 p_p は Δp に比べて十分高いので，式 (5.19b) のように表される。

$$n_p = n_{p0} + \Delta n \tag{5.19a}$$

$$p_p = p_{p0} + \Delta p \cong p_{p0} \tag{5.19b}$$

接合境界の p 型側の注入端において pn 積をとると式 (5.20) となり，注入端における電子濃度は式 (5.21) となる。

$$\begin{aligned} p_p n_p &= n_i \exp\left(\frac{E_{Fp} - E_i}{k_B T}\right) n_i \exp\left(\frac{E_i - E_{Fn}}{k_B T}\right) \\ &= n_i^2 \exp\left(\frac{E_{Fp} - E_{Fn}}{k_B T}\right) = n_i^2 \exp\left(\frac{eV}{k_B T}\right) \cong p_{p0} n_p \end{aligned} \tag{5.20}$$

$$\therefore \quad n_p = \frac{n_i^2}{p_{p0}} \exp\left(\frac{eV}{k_B T}\right) = n_{p0} \exp\left(\frac{eV}{k_B T}\right) \tag{5.21}$$

ここで p_{p0} と n_{p0} は，それぞれ p 型領域における熱平衡状態の正孔濃度と電子濃度である。また，擬フェルミ準位間 $E_{Fp} - E_{Fn}$ は外部からの印加電圧の eV に相当する。同様に，接合境界の n 型側の注入端における正孔濃度は式 (5.22) となる。

$$p_n = p_{n0} \exp\left(\frac{eV}{k_B T}\right) \tag{5.22}$$

注入電子の定常的な濃度分布は，式 (3.31b) の連続の式で，$\partial p/\partial t = 0$，電界 $\varepsilon = 0$，$\partial\varepsilon/\partial x = 0$，$G_n = 0$，$R_n = (n - n_{p0})/\tau_n$ とおくと，式 (5.23) として得られる。図 5.6 の電子濃度分布 $n(x)$ の挿入図のように，式 (5.24) の境界条件の下で式 (5.23) を解くと，式 (5.25) が得られる。ただし，p 型領域の厚さは電子の拡散長 L_n より十分厚いものとする。

$$D_n \frac{d^2 n_p}{dx^2} = \frac{n_p - n_{p0}}{\tau_n} \tag{5.23}$$

$$\left.\begin{aligned} n_p(-\infty) &= n_{p0} \\ n_p(0) &= n_{p0}\exp\left(\frac{eV}{k_B T}\right) \end{aligned}\right\} \tag{5.24}$$

$$n_p(x) = n_{p0}\left\{\exp\left(\frac{eV}{k_B T}\right) - 1\right\}\exp\left(\frac{x}{L_n}\right) + n_{p0} \tag{5.25}$$

n 型領域に注入した正孔の濃度分布 $p_n(x)$ も，同様に式 (5.26) となる。ここで，$L_n = (D_n\tau_n)^{1/2}$，$L_p = (D_p\tau_p)^{1/2}$ はそれぞれ電子，正孔の拡散長である。

$$p_n(x) = p_{n0}\left\{\exp\left(\frac{eV}{k_B T}\right) - 1\right\}\exp\left(-\frac{x}{L_p}\right) + p_{n0} \tag{5.26}$$

したがって，接合面（$x = 0$）を通して流れる拡散による電子の電流密度は式 (5.27a) となり，同様に正孔の電流密度は式 (5.27b) となる。

$$J_n(0) = eD_n \left.\frac{dn}{dx}\right|_{x=0} = \frac{eD_n n_{p0}}{L_n}\left\{\exp\left(\frac{eV}{k_B T}\right) - 1\right\} \tag{5.27a}$$

$$J_p(0) = -eD_p \left.\frac{dp}{dx}\right|_{x=0} = \frac{eD_p p_{n0}}{L_p}\left\{\exp\left(\frac{eV}{k_B T}\right) - 1\right\} \tag{5.27b}$$

よって，接合面を流れる全電流密度は式 (5.28) となる。この式は**ショックレーの式**（Shockley's equation）と呼ばれている。ここで，J_s のことを**飽和電流密度**（saturation current density）といい，式 (5.29) で表される。また，pn 接合の p 型半導体のアクセプタ濃度を N_A，n 型半導体のドナー濃度を N_D とし，真性キャリヤ濃度を n_i とすると，J_s は式 (5.29) の右辺ように変形される。

$$J = J_n(0) + J_p(0) = J_s\left\{\exp\left(\frac{eV}{k_B T}\right) - 1\right\} \tag{5.28}$$

$$J_s = e\left(\frac{D_p p_{n0}}{L_p} + \frac{D_n n_{p0}}{L_n}\right) = en_i^2\left(\frac{D_p}{L_p N_D} + \frac{D_n}{L_n N_A}\right) \tag{5.29}$$

電子と正孔によるそれぞれの電流密度とその和の全電流密度を**図 5.7** に示す。$x = 0$ は p 領域，n 領域のそれぞれの注入端に相当する。また，**図 5.8** には pn 接合ダイオードにおける電圧に対する電流密度の特性を示す。順バイアス電圧の領域では，理想的には式 (5.28) に従う電流–電圧特性となる。

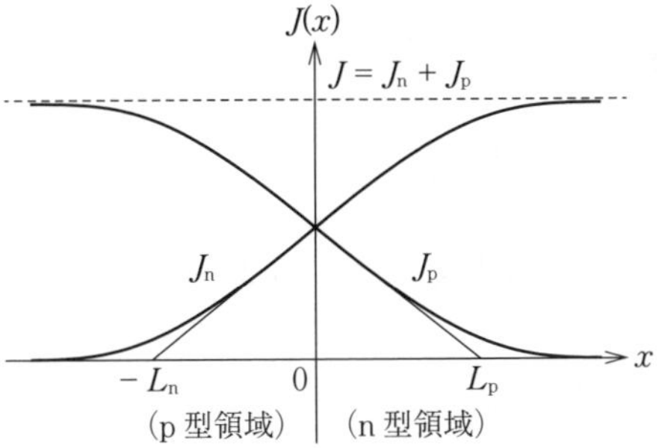

図 5.7 順バイアス印加時の pn 接合を流れる電流密度の分布（$x = 0$ は注入端）

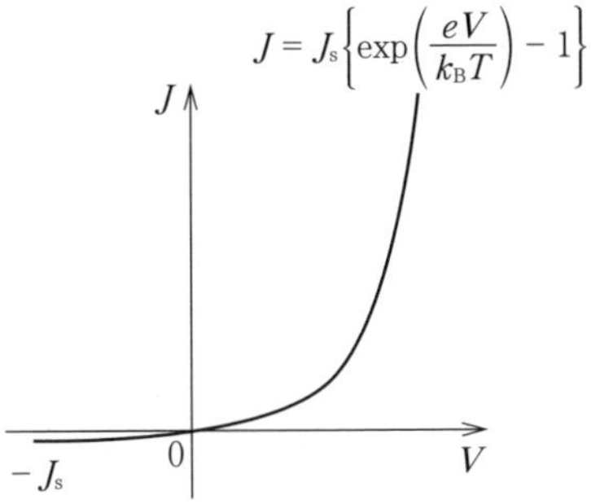

図 5.8 pn 接合ダイオードの電流密度–電圧特性

5.1.6 交流小信号印加 pn 接合の電流–電圧特性

直流電圧 V_0 を印加した pn 接合に，微小交流電圧 $v_A \exp(i\omega t)$ を重畳すると（印加電圧 $V = V_0 + v_A \exp(i\omega t)$），注入された電子および正孔の濃度が少数キャリヤ濃度よりも十分高い場合には，注入端（$x = 0$）における電子および正孔の濃度は，式 (5.21) と式 (5.22) より式 (5.30a, b) となる。

$$n_p(0) = n_p \exp\left\{\frac{e(V_0 + v_A e^{i\omega t})}{k_B T}\right\} \tag{5.30a}$$

$$p_n(0) = p_n \exp\left\{\frac{e(V_0 + v_A e^{i\omega t})}{k_B T}\right\} \tag{5.30b}$$

ここで，$V_0 \gg v_A$，$\exp(v_A/k_B T) \ll 1$（小信号）の場合は，式 (5.30a) は次式で近似できる。

$$n_p(0) \cong n_p \exp\left(\frac{eV_0}{k_B T}\right)\left(1 + \frac{ev_A}{k_B T} e^{i\omega t}\right) \tag{5.31}$$

そこで，電子についての拡散方程式の式 (5.32) を式 (5.33) の境界条件で解くと，p 領域内（$x < 0$）の電子の濃度分布は式 (5.34) となる。

$$\frac{\partial n}{\partial t} = D_{\mathrm{n}} \frac{\partial^2 n}{\partial x^2} - \frac{n_{\mathrm{p}} - n_{\mathrm{p0}}}{\tau_{\mathrm{n}}} \tag{5.32}$$

$$\left.\begin{aligned} n_{\mathrm{p}}(0) &= n_{\mathrm{p}} \exp\left(\frac{eV_0}{k_{\mathrm{B}}T}\right)\left(1 + \frac{ev_{\mathrm{A}}}{k_{\mathrm{B}}T} e^{i\omega t}\right) \\ n_{\mathrm{p}}(-\infty) &= n_{\mathrm{p0}} \end{aligned}\right\} \tag{5.33}$$

$$\begin{aligned} n_{\mathrm{p}}(x) &= n_{\mathrm{p0}} + n_{\mathrm{p0}}\left\{\exp\left(\frac{eV_0}{k_{\mathrm{B}}T}\right) - 1\right\}\exp\left(\frac{x}{L_{\mathrm{n}}}\right) \\ &\quad + n_{\mathrm{p}} \frac{ev_{\mathrm{A}}e^{i\omega t}}{k_{\mathrm{B}}T} \exp\left(\frac{eV_0}{k_{\mathrm{B}}T}\right)\exp\left(\frac{\Delta_{\mathrm{n}} x}{L_{\mathrm{n}}}\right) \end{aligned} \tag{5.34}$$

同様にして n 型領域内（$x > 0$）の正孔の濃度分布は式 (5.35) となる。

$$\begin{aligned} p_{\mathrm{n}}(x) &= p_{\mathrm{n0}} + p_{\mathrm{n0}}\left\{\exp\left(\frac{eV_0}{k_{\mathrm{B}}T}\right) - 1\right\}\exp\left(-\frac{x}{L_{\mathrm{p}}}\right) \\ &\quad + p_{\mathrm{n0}} \frac{ev_{\mathrm{A}}e^{i\omega t}}{k_{\mathrm{B}}T} \exp\left(\frac{eV_0}{k_{\mathrm{B}}T}\right)\exp\left(-\frac{\Delta_{\mathrm{p}} x}{L_{\mathrm{p}}}\right) \end{aligned} \tag{5.35}$$

ここで $\Delta n = (1 + i\omega\tau_{\mathrm{n}})^{1/2}$，$\Delta p = (1 + i\omega\tau_{\mathrm{p}})^{1/2}$ である。したがって，接合面を流れる全電流密度は式 (5.36) となる。

$$J = J_{\mathrm{n}} + J_{\mathrm{p}} = eD_{\mathrm{n}} \left.\frac{\partial n}{\partial x}\right|_{x=0} - eD_{\mathrm{p}} \left.\frac{\partial p}{\partial x}\right|_{x=0} = J_{\mathrm{s}}\left\{\exp\left(\frac{eV_0}{k_{\mathrm{B}}T}\right) - 1\right\} + J_{\mathrm{A}} \tag{5.36}$$

ここで，右辺の第 1 項は直流成分で，式 (5.28) の電流密度と同じ式となる。また第 2 項の J_{A} は交流成分の電流密度で，式 (5.37) となる。

$$J_{\mathrm{A}} = \left(\left.\frac{\partial J_{\mathrm{n}}}{\partial V}\right|_{V_0} \Delta_{\mathrm{n}} + \left.\frac{\partial J_{\mathrm{p}}}{\partial V}\right|_{V_0} \Delta_{\mathrm{p}}\right) v_{\mathrm{A}} e^{i\omega t} \tag{5.37}$$

5.1.7 空乏層容量

pn 接合への印加電圧を変化させると，**図 5.9** のように，空乏層の幅の変化を通して等量の正負空間電荷の大きさが変化する。通常，順方向バイアスを正の向きにとるため，ΔV の電圧増加に対して空乏層幅は減少し，空間電荷の大

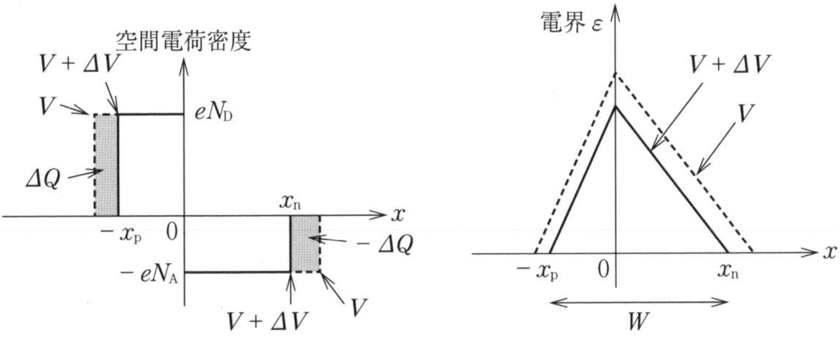

図 5.9 pn 接合ダイオードの順バイアス電圧の変化による空間電荷層の変化

きさが単位面積当り $\varDelta Q$ だけ減少する。その結果，接合には式 (5.38) の容量が存在することになり，これを**空乏層容量**（depletion capacitance）あるいは**遷移容量**（transition capacitance）という。

$$C_{\mathrm{T}} = \frac{-\varDelta Q}{\varDelta V} = -\frac{\mathrm{d}Q}{\mathrm{d}V} \tag{5.38}$$

階段接合の場合は，ガウスの定理より空間電荷 Q を空乏層幅 W（$= x_{\mathrm{p}} + x_{\mathrm{n}}$）で表した式 (5.39) と空乏層幅 W の式 (5.13) を用いて，式 (5.38) の空乏層容量 C_{T} を求めると式 (5.40) が得られる。これは空乏層幅が電極間距離に等しい平行平板コンデンサの容量と同じ形式をしている。

$$Q = eN_{\mathrm{A}}x_{\mathrm{p}} = eN_{\mathrm{D}}x_{\mathrm{n}} = \frac{eN_{\mathrm{A}}N_{\mathrm{D}}}{N_{\mathrm{A}} + N_{\mathrm{D}}}W \tag{5.39}$$

$$C_{\mathrm{T}} = -\frac{\mathrm{d}Q}{\mathrm{d}V} = \left(-\frac{\mathrm{d}W}{\mathrm{d}V}\right)\left(\frac{\mathrm{d}Q}{\mathrm{d}W}\right) = \frac{\varepsilon_{\mathrm{s}}}{W} \tag{5.40}$$

逆方向バイアス電圧の大きさを V_{R} とすると，$V_{\mathrm{R}} = -V$ であるので式 (5.13) の空乏層 W は式 (5.41) の関係となる。よって，空乏層容量 C_{T} と逆方向バイアス電圧 V_{R} の関係は式 (5.42) となり，V_{R} の 1/2 乗に逆比例して C_{T} は減少する。

$$W \propto (\psi_{\mathrm{D}} + V_{\mathrm{R}})^{1/2} \tag{5.41}$$

$$C_{\mathrm{T}} \propto (\psi_{\mathrm{D}} + V_{\mathrm{R}})^{-1/2} \tag{5.42}$$

式 (5.40) を 2 乗して逆数をとると式 (5.43) となる。$1/C_{\mathrm{T}}^{2}$ と V_{R} の関係を図示すると**図 5.10** のような直線の関係が得られ，直線の外挿が電圧軸と交わる点

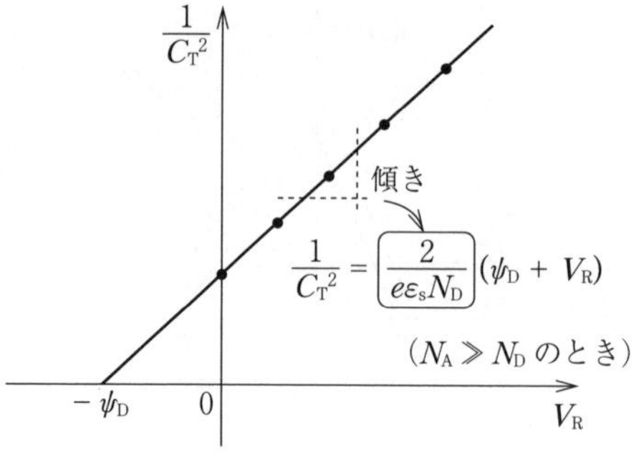

図 5.10　pn 接合ダイオードの逆バイアス電圧（V_R）の変化による空乏層容量（C_T）の変化

から拡散電位 ψ_D を求めることができる。また，片側階段接合（$N_A \gg N_D$）の場合は，式 (5.16) の空乏層幅 W より式 (5.44) となり，図 5.10 の直線の傾きよりドナー不純物濃度 N_D を求めることができる。

$$\frac{1}{C_T^2} = \frac{W^2}{\varepsilon_s^2} = \frac{2(N_A + N_D)}{\varepsilon_s e N_A N_D}(\psi_D + V_R) \tag{5.43}$$

$$\frac{1}{C_T^2} = \frac{2}{e\varepsilon_s N_D}(\psi_D + V_R) \qquad (N_A \gg N_D) \tag{5.44}$$

5.1.8 拡散容量

pn 接合に順方向バイアス電圧 V を印加すると，注入キャリヤは拡散しながら再結合により消滅していき，**図 5.11** (a) のようなキャリヤ濃度分布となる。印加電圧を V から $V + \mathrm{d}V$ に増加すると，注入キャリヤはさらに増加して電荷が $\mathrm{d}Q$ だけ増す。p 領域に注入された電子による電荷の増加量を $\mathrm{d}Q_n$ とすると，注入された p 領域には式 (5.45) で表されるキャパシタンスが存在することになる。

$$C_{D_p} = \frac{\mathrm{d}Q_n}{\mathrm{d}V} \tag{5.45}$$

p 領域へ拡散してきた電子は，正孔と再結合するまでの時間（寿命時間）τ_n 程度は存在しつづける。電子電流 I_n が流れていると，そこでの電荷は式 (5.46) となる。式 (5.27a) の $J_n(0)$ を用いると，電子電流 I_n は接合面積を S とすれば式 (5.47) で与えられる。

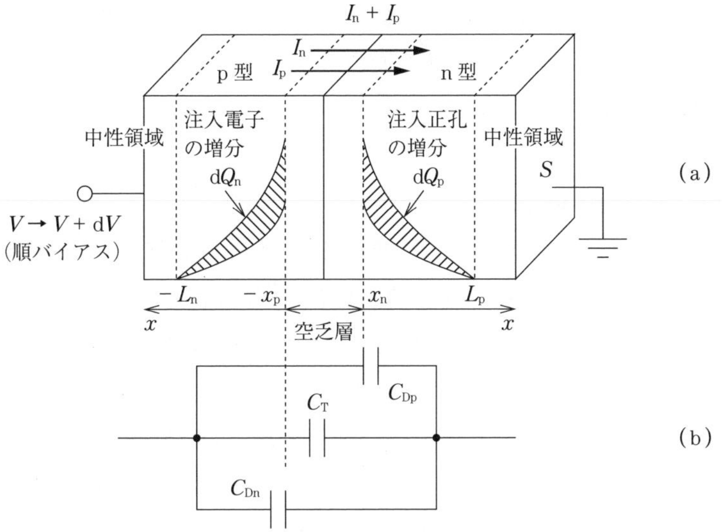

図 5.11 pn 接合ダイオードの順バイアス電圧変化による注入キャリヤ濃度（電荷量）変化(a)とダイオード接合容量の等価回路(b)

$$Q_n = I_n \tau_n \tag{5.46}$$

$$I_n = J_n(0)S = e\frac{D_n n_{p0}}{L_n}\left\{\exp\left(\frac{eV}{k_B T}\right) - 1\right\}S \tag{5.47}$$

この式 (5.47) を式 (5.46) および式 (5.45) に代入して計算すると，p 領域のキャパシタンスは式 (5.48) のように求まる。

$$C_{D_p} \doteqdot \frac{e}{k_B T} I_n \tau_n \tag{5.48}$$

ただし，$V \gg k_B T/e$ で，十分な大きさの順方向電流 I_n が流れているとしたもので，このキャパシタンスを**拡散容量**（diffusion capacitance）と呼ぶ。

同様に，n 領域においても拡散してきた正孔により電荷の増分が生じ，上述と同様な過程で求めると，n 領域における拡散容量は式 (5.49) となる。ここで I_p は正孔電流である。

$$C_{D_p} \doteqdot \frac{e}{k_B T} I_p \tau_p \tag{5.49}$$

以上のように，拡散容量 C_{D_p} および C_{D_n} はそれぞれ p 領域および n 領域における拡散容量で，図 5.11 (b) のような等価回路で表される。図中の C_T は 5.1.7 項で述べた空乏層容量である。逆方向バイアス電圧印加時には $C_{D_p} = C_{D_n} = 0$ であり，空乏層容量 C_T だけとなる。

5.1.9 逆 方 向 電 流

pn 接合に逆方向バイアス電圧（p 側に負電圧，n 側に正電圧）を印加すると，pn 接合のエネルギーバンドは**図 5.12** (a) のようになる。逆方向バイアス電圧では多数キャリヤに対しては接合部への流入を阻止する向きに働くのに対して，少数キャリヤについては接合部の空乏層に向かうように働き，空乏層内の電界によって少数キャリヤが引き込まれるため，p 型領域の電子および n 型領域の正孔，共に接合部での濃度は 0 と見なせる。したがって接合部付近の少数キャリヤ濃度分布は，図 (b) のように空乏層端から拡散長付近までは濃度勾配が形成され，その奥では熱平衡状態の少数キャリヤ濃度となる。

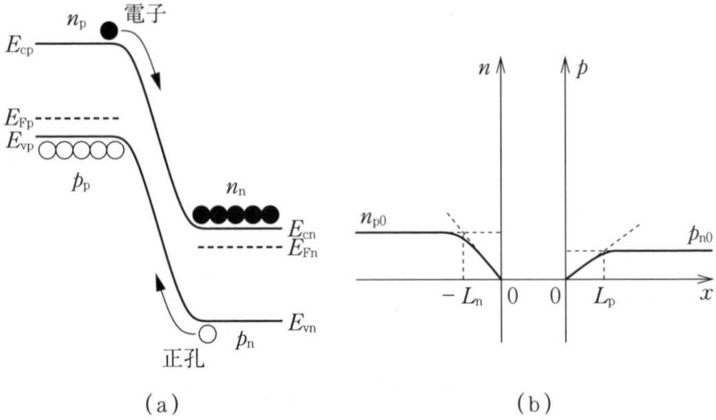

図 5.12　逆バイアス電圧印加の pn 接合のエネルギーバンド図 (a) と少数キャリヤ濃度分布 (b)

逆方向バイアス電圧印加では，式 (5.28) の pn 接合の電流密度の式において $\exp(eV/k_BT) \cong 0$ となり，そのときの逆方向電流は式 (5.50) となる。つまり，逆方向バイアス電圧によらない式 (5.29) の飽和電流 J_s となる。式 (5.50) を変形すると式 (5.51) となり，飽和電流の温度依存性を測定して $\log J_s$ と T^{-1} の関係をグラフに描くと**図 5.13** のようになり，その直線の傾きからエネルギーギャップを求めることができる。

$$J = -J_s = -e\left(\frac{D_p p_{n0}}{L_p} + \frac{D_n n_{p0}}{L_n}\right) \tag{5.50}$$

$$J_s = e\left(\frac{D_p}{L_p n_{n0}} + \frac{D_n}{L_n p_{p0}}\right)n_i^2 = e\left(\frac{D_p}{L_p N_D} + \frac{D_n}{L_n N_A}\right)N_c N_v \exp\left(-\frac{E_g}{k_B T}\right) \tag{5.51}$$

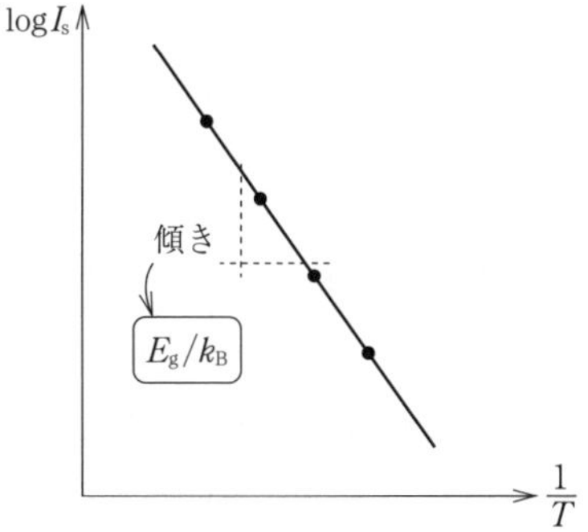

図 5.13 逆バイアス電圧印加 pn 接合ダイオードの飽和電流の温度依存性

5.1.10 降 伏 現 象

pn 接合に印加する逆方向バイアス電圧を増していくと，ある電圧に達したところで急激に大きな逆方向電流が流れ始める。この現象を**降伏**（breakdown）という。これは pn 接合が壊れたわけではない。このメカニズムには以下で述べる**アバランシェ**（avalanche）**降伏**と**ツェナー**（Zener）**降伏**とがある。

アバランシェ降伏は，エネルギーギャップの広い半導体でかつ不純物濃度の低い pn 接合で起こりやすい。逆方向バイアスを増していくと空乏層内の電界が高くなり，空乏層内の電子と正孔は加速される。**図 5.14** に示すように，加速によって増加した電子または正孔の運動エネルギー（$(1/2)m^*v^2$）がエネルギーギャップ E_g よりも十分大きくなり，格子原子と衝突すると結合手が切れて電子–正孔対を生成する。発生した電子および正孔は空乏層中の電界によって分離して加速され，さらに衝突を繰り返すことにより連鎖的に電子–正孔対の生成を引き起こす。このようになだれ的に起こる降伏現象をアバランシェ降

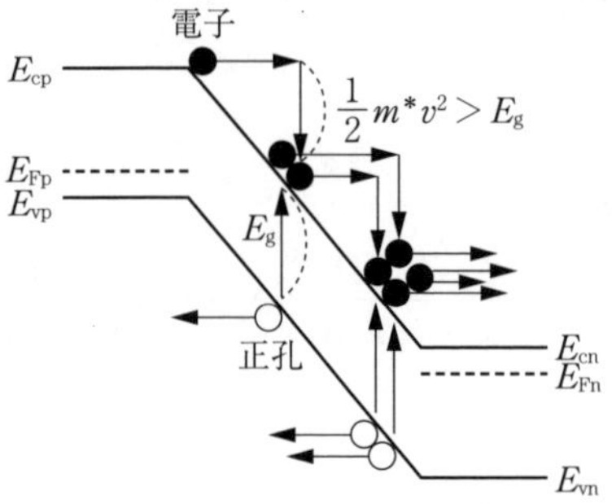

図 5.14　逆バイアス電圧印加 pn 接合ダイオードのアバランシェ降伏

伏という。

1 個の電子（または正孔）が単位距離走行する間に電離衝突により生成する電子–正孔対の数を，**電子**（または**正孔**）**の電離係数**という。電子と正孔の電離係数は一般に等しくないが，以下では簡単のために等しく α であると仮定する。x と $x + \mathrm{d}x$ の区間における正孔電流の増加は式 (5.52) となるため，式 (5.53) で表される。また同様に電子電流についても式 (5.54) で表される。

$$I_p(x + \Delta x) - I_p = \alpha(x)\{I_p(x) + I_n(x)\}\Delta x + eSG\Delta x \tag{5.52}$$

$$\frac{\mathrm{d}I_p(x)}{\mathrm{d}x} = \alpha(x)I + eSG \tag{5.53}$$

$$-\frac{\mathrm{d}I_n(x)}{\mathrm{d}x} = \alpha(x)I + eSG \tag{5.54}$$

ここで S は接合断面積，G は生成率で，電流連続条件より $I = I_p(x) + I_n(x) =$ 一定である。式 (5.53) を 0 から x まで積分し，式 (5.54) を x から W まで積分すると，それぞれ式 (5.55) と式 (5.56) となる。

$$I_p(x) - I_p(0) = I\int_0^x \alpha(x)\mathrm{d}x + \int_0^x eSG\mathrm{d}x \tag{5.55}$$

$$-I_n(W) + I_n(x) = I\int_x^W \alpha(x)\mathrm{d}x + \int_x^W eSG\mathrm{d}x \tag{5.56}$$

したがって，両式を加えて整理すると式 (5.57) となり，よって式 (5.58) で表される。

$$I = I_n(x) + I_p(x) = I\int_0^W \alpha(x)\mathrm{d}x + \int_0^W eSG\mathrm{d}x + \{I_p(0) + I_n(W)\} \tag{5.57}$$

$$I = \frac{I_0 + I_G}{1 - \int_0^W \alpha(x)\mathrm{d}x} \tag{5.58}$$

ここで，I_G と I_0 はそれぞれ式 (5.59a) と式 (5.59b) である。

$$I_G = \int_0^W eSG\mathrm{d}x \tag{5.59a}$$

$$I_0 = I_p(0) + I_n(W) \tag{5.59b}$$

衝突電離のない場合の電流が $I_0 + I_G$ であるから，衝突電離により増倍した電流を式 (5.60) と表し，M を**アバランシェ増倍率**（avalanche multiplication factor）という。式 (5.58) と式 (5.60) の対応から M は式 (5.61) となる。

$$I = M(I_0 + I_G) \tag{5.60}$$

$$M \equiv \frac{1}{1 - \int_0^W \alpha(x)\mathrm{d}x} \tag{5.61}$$

アバランシェ降伏が $M \to \infty$ で起こるとすると，降伏が起こる条件は式 (5.62) となる。

$$\int_0^W \alpha(x)\mathrm{d}x = 1 \tag{5.62}$$

つぎに，ツェナー降伏について述べる。ツェナー降伏はエネルギーギャップの狭い半導体でかつ不純物濃度の高い pn 接合で起こりやすい。高濃度に不純物添加した pn 接合では空乏層幅が狭いため，大きな逆バイアス電圧が印加されると，**図 5.15** に示すように p 型価電子帯と n 型伝導帯を仕切っている禁制帯の幅（x 方向の幅）が狭くなり，価電子帯の電子の波動関数の裾（すそ）が伝導帯側に掛かるとトンネル効果により水平方向に通り抜けるようになる。その結果 n 型には電子電流が，p 型には正孔電流が流れ，ツェナー降伏が起こる。

一般に，$6E_g/e$ より大きな降伏電圧をもつ接合はアバランシェ降伏が起こり，$4E_g/e$ より小さな降伏電圧をもつ接合はツェナー降伏が起こるとされてい

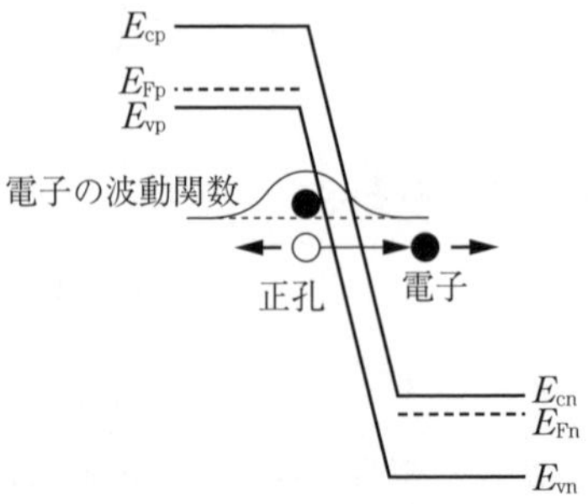

図 5.15　逆バイアス電圧印加 pn 接合ダイオードのツェナー降伏

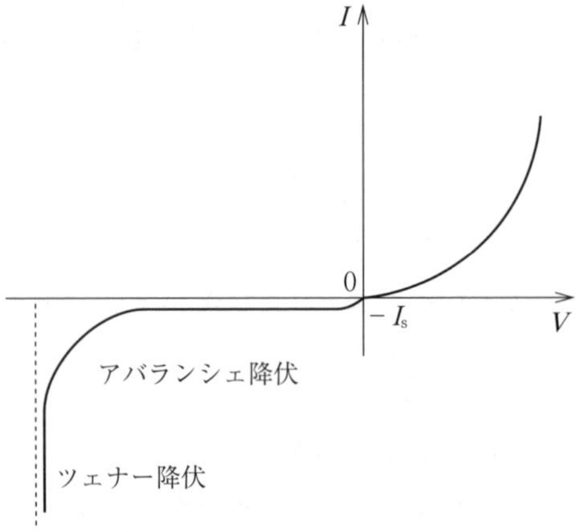

図 5.16　pn 接合ダイオードの電流-電圧特性（逆バイアスでの降伏現象）

る。これらの中間の降伏電圧をもつ接合の降伏には，**図 5.16** の逆方向バイアス電圧における電流-電圧特性の概形が示すように，両方の機構が混在している。

5.2　金属-半導体接合

5.2.1　ショットキー接触とオーム接触

金属と半導体の接触には 2 種類があり，pn 接合のように整流性を示す**ショットキー接触**（Schottky contact）と，接触面の抵抗が低く線形的な電流-電圧特性を示す**オーム接触**（ohmic contact）がある。金属と半導体を接触させる前後のそれぞれのエネルギーバンド図を**図 5.17** に示す。ここで，仕事関数 $e\phi$ は真空準位とフェルミ準位 E_F のエネルギー差であり，真空準位と半導体の伝導帯端 E_c のエネルギー差を**電子親和力**（electron affinity）$e\chi_s$ という。金属の種類により仕事関数の値は異なり，半導体の種類により電子親和力の値は異なる。金属と半導体の仕事関数をそれぞれ ϕ_m と ϕ_s とすると，図 5.17 では図 (a) の $\phi_m < \phi_s$ と図 (b) の $\phi_m > \phi_s$ の 2 種類に分けられる。エネルギーバンド図に

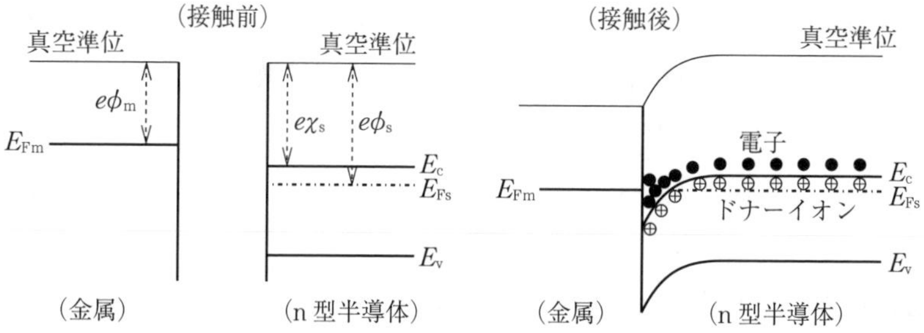

(a) オーム接触 ($e\phi_m < e\phi_s$)

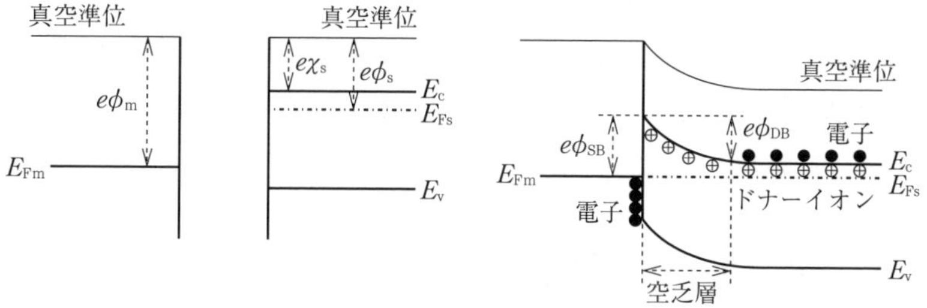

(b) ショットキー接触 ($e\phi_m > e\phi_s$)

図 5.17 金属-半導体接触

おいて，金属と半導体の接触界面において両者の真空準位は一致する。金属内部の電界は零であるため，エネルギーバンドは平らである。

オーム接触は図(a)の $\phi_m < \phi_s$ の場合で，金属と n 型半導体を接触させると，金属側から n 型半導体へ電子の移動が起こり，フェルミ準位がそろう。その結果，図(a)のように半導体側の界面付近に電子がたまり，伝導帯端 E_c の下にフェルミ準位が入った縮退状態となる。この場合は，金属，半導体のどちらの向きにバイアス電圧を印加しても電流はよく流れ，整流性は生じない。

ショットキー接触は図(b)の $\phi_m > \phi_s$ の場合で，金属と n 型半導体を接触させると，図(a)とは逆に n 型半導体側から金属へ電子の移動が起こり，電子は金属側の接合界面にたまり，半導体側の接合界面付近にはドナーイオンが残った空乏層が形成され，半導体側のバンドが曲がる。その結果，界面にエネルギー障壁が形成され，これを**ショットキー障壁**(Schottky barrier)と呼ぶ。

図 (b) から明らかなように，金属側から見たショットキー障壁の高さ $e\phi_{SB}$ は式 (5.63) で表され，半導体側から見た障壁の高さは**拡散障壁**（diffusion barrier）$e\phi_{DB}$ と呼ばれ，式 (5.64) で表される。

$$e\phi_{SB} = e\phi_m - e\chi_s \tag{5.63}$$

$$e\phi_{DB} = e\phi_m - e\phi_s \tag{5.64}$$

図 5.18 は，各種半導体について，さまざまな金属との接合を形成したときに観測された障壁の高さと金属の仕事関数との関係をまとめたものである。ZnS では，金属の仕事関数に対するショットキー障壁の高さは傾きが約 1 の直線的な関係にあるが，Si，GaAs，GaP では，障壁の高さは金属の仕事関数にほとんど依存していない。これは半導体表面に存在する禁制帯中の表面準位によることが知られている。

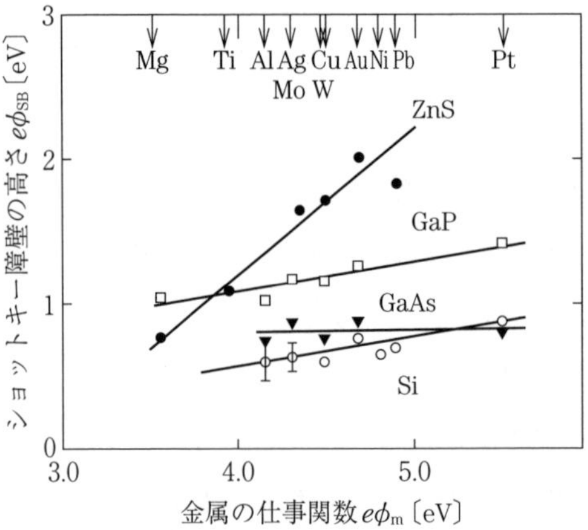

図 5.18　さまざまな金属と半導体の接触における金属の仕事関数とショットキー障壁の高さの関係

表面準位はキャリヤの捕獲（トラップ）または**再結合中心**（recombination center）として働き，高い表面準位濃度の場合は，**図 5.19** に示すように，価電子帯上部 E_v からバンドギャップの約 1/3 上がったエネルギー位置を中心に分布しているので，伝導帯あるいは価電子帯からキャリヤが表面準位に移って安定化するため，金属と接触する前に半導体にはショットキー障壁状の障壁が形成されてしまう。よって，接触後も表面のフェルミ準位の位置はほとんど変化せず，ピン止めされることからフェルミ準位の**ピニング**（pinning）**現象**と

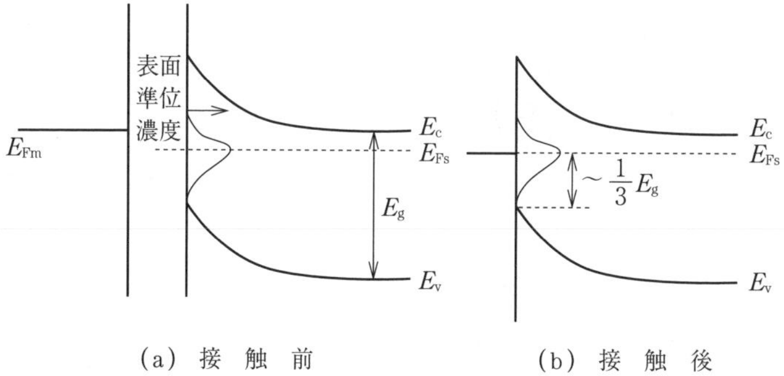

図 5.19　半導体の表面準位によるフェルミ準位のピニング現象

呼ばれている。したがって，ショットキー障壁の形状は接触前後でほとんど変化せず，しかも金属の種類によってもほとんど変化しない。

5.2.2　ショットキー接触の電流-電圧特性

ショットキー接触の金属-半導体接合の場合は，4.2 節で述べたショットキー効果による障壁の低減は通常小さいので，金属側から見たショットキー障壁の高さ $e\phi_{SB}$ はバイアス電圧によって変化しないものとすると，図 5.17 (b) に示した n 型半導体の場合の零バイアス時のエネルギーバンド図に対して，順バイアス電圧 $V > 0$（金属側を正電圧）および逆バイアス電圧 $V < 0$（金属側を負電圧）を印加したときのエネルギーバンド図は，それぞれ**図 5.20** (a), (b) のようになる。拡散障壁 $e\phi_{DB}$ は，pn 接合ダイオードと同様にバイアス電圧 V によって $e(\phi_{DB} - V)$ に変化するため電流-電圧特性は整流性を示す。また空乏層の幅 W は，pn 接合の片側階段接合における空乏層幅の式 (5.16) と同じ形になり，式 (5.65) で表される。

$$W = \sqrt{\frac{2\varepsilon_s(\phi_{DB} - V)}{eN_D}} \tag{5.65}$$

4.1 節で述べた金属から真空への熱電子放出の理論を，ショットキー接触に適用して電流-電圧特性を解析してみる。**図 5.21** は順バイアス電圧を印加したときのエネルギーバンド図で，ショットキー効果（4.2 節）を考慮すると，実

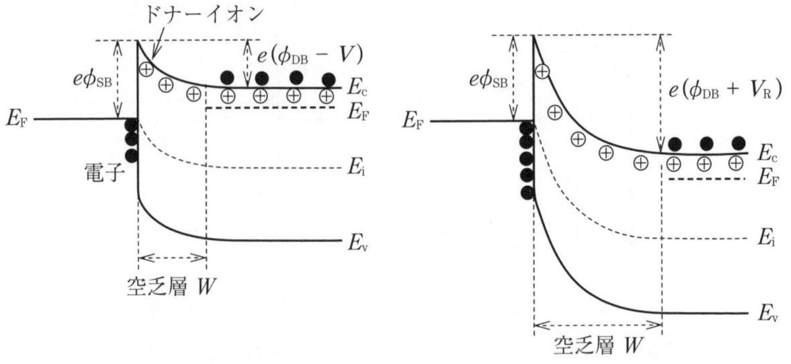

図 5.20　金属-n 型半導体のショットキー接合に順バイアス (a) と逆バイアス (b) を印加したときのエネルギーバンド図

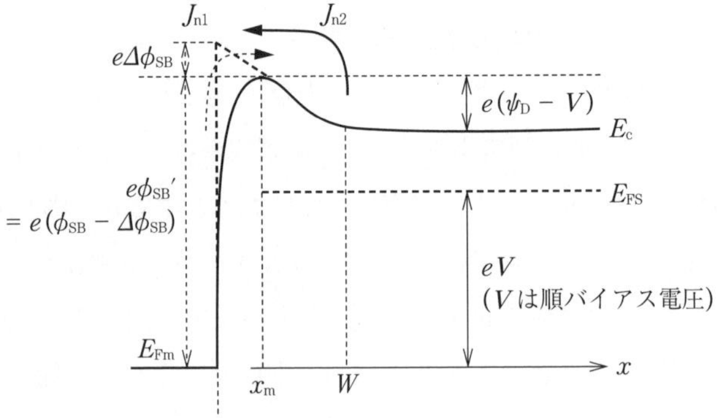

図 5.21　順バイアス電圧印加時のショットキー接合のエネルギーバンド図（ショットキー効果を考慮）

効的なショットキー障壁は $e\phi_{SB}'=e(\phi_{SB}-\Delta\phi_{SB})$ となる。熱電子放出による電流密度は，金属側から半導体側へ向かう電流密度 J_{n1} と，逆に半導体側から金属側に向かう電流密度 J_{n2} を考えることになる。電流密度 J_{n1} は式 (4.7) のリチャードソン・ダッシュマンの式より式 (5.66) で表され，式中の R は式 (4.8) のリチャードソン定数である。

$$J_{n1}=RT^2\exp\left(-\frac{e\phi_{SB}'}{k_BT}\right) \tag{5.66}$$

また，半導体側から金属側へ向かう電子の流れにおいて拡散の効果を考慮しないとすると，半導体の中性領域の電子濃度 n_2 の電子が空乏層端から金属側へ流れ込むには $e(\psi_D - V)$ の障壁を超える必要がある。よって，半導体側から金属側に向かう電子の平均速度を含む係数を C とすれば，その電流密度 J_{n2} は式 (5.67) で記述できる。

$$J_{n2} = eCn_2 \exp\left\{-\frac{e(\psi_D - V)}{k_B T}\right\} \tag{5.67}$$

印加電圧 $V = 0$ の熱平衡状態では，電流の流れは釣り合って（$J_{n1} = J_{n2}$）なければならないので，式 (5.68) が得られる。

$$eCn_2 \exp\left(-\frac{e\psi_D}{k_B T}\right) = RT^2 \exp\left(-\frac{e\phi_{SB}'}{k_B T}\right) \tag{5.68}$$

したがって，電圧 V を印加したときに半導体側から金属側に向かって流れる正味の電流密度 J は式 (5.69) となり，式中の J_{sT} は逆方向飽和電流密度である。逆バイアス電圧を上昇させるとショットキー効果による障壁の高さの減少分 $e\Delta\phi_{SB}$ は増大するため，J_{sT} は厳密な飽和特性を示さなくなる。

$$\begin{aligned} J = J_{n2} - J_{n1} &= RT^2 \exp\left(-\frac{e\phi_{SB}'}{k_B T}\right)\left\{\exp\left(\frac{eV}{k_B T}\right) - 1\right\} \\ &= J_{sT}\left\{\exp\left(\frac{eV}{k_B T}\right) - 1\right\} \end{aligned} \tag{5.69}$$

熱電子放出モデルでは，電子が障壁をとび越える際に散乱を受けないことを仮定している。実際には電子の平均自由行程に比べて空乏層幅が広いため，半導体の中性領域からの熱電子放出は起こり得ない。電子は拡散によって金属-半導体界面付近まで達してから金属側へとび移ることになるが，拡散による電子の供給が十分に行われていれば，電子の擬フェルミ準位 E_{Fs} は図 5.21 に示したように界面付近まで一定と考えられ，電流は熱電子放出過程によって制限される。

しかし，空乏層内の電子の拡散が遅い場合には，中性領域からの電子の供給分に対して，界面付近から金属側への熱電子放出によって減少する分に追いつかなくなり，x_m における電子密度が低下すると，障壁をとび越えて流れる電流が減少する。この場合の金属-半導体界面付近の擬フェルミ準位は，**図 5.22** に示すように，界面に近づくにつれて低下する。すなわち，電流は電子の拡散過程によって制限されることになる。

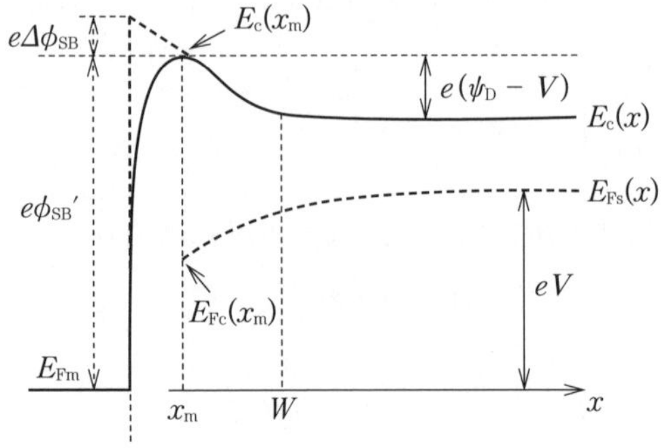

図 5.22　図 5.21 で空乏層内の電子の拡散が遅い場合（擬フェルミ準位の低下）

ショットキー接触と pn 接合との大きな違いは，ショットキー接触では少数キャリヤの注入がないことである。したがって，ショットキーダイオードは，キャリヤの蓄積効果を無視でき，5.1.8 項で述べた拡散容量がないため，スイッチング時間がきわめて短く，高周波デバイスなどへも応用されている。

5.3　半導体ヘテロ接合

半導体結晶成長技術の進展により，さまざまな異なる種類の半導体を接合した**ヘテロ接合**（hetero junction）の構造の形成が可能になり，ヘテロ接合を利用したデバイス応用も多く開発されている。本節では，ヘテロ接合のエネルギーバンド構造と電流-電圧特性について考える。

5.3.1　ヘテロ接合のエネルギーバンド構造

半導体の種類が異なるとエネルギーギャップ E_g と電子親和力 χ_s が異なる。ここでは，ヘテロ接合の半導体 1 と半導体 2 のエネルギーギャップと電子親和力の関係が，$E_{g1} < E_{g2}$，$\chi_{s1} > \chi_{s2}$ であると仮定する。**図 5.23** (a) には，n 型半導体 1 と n 型半導体 2 の接合前後におけるエネルギーバンド図（nn ヘテロ接合）を示す。また図 (b) には，p 型半導体 1 と n 型半導体 2 の接合前後におけるエネルギーバンド図（pn ヘテロ接合）を示す。

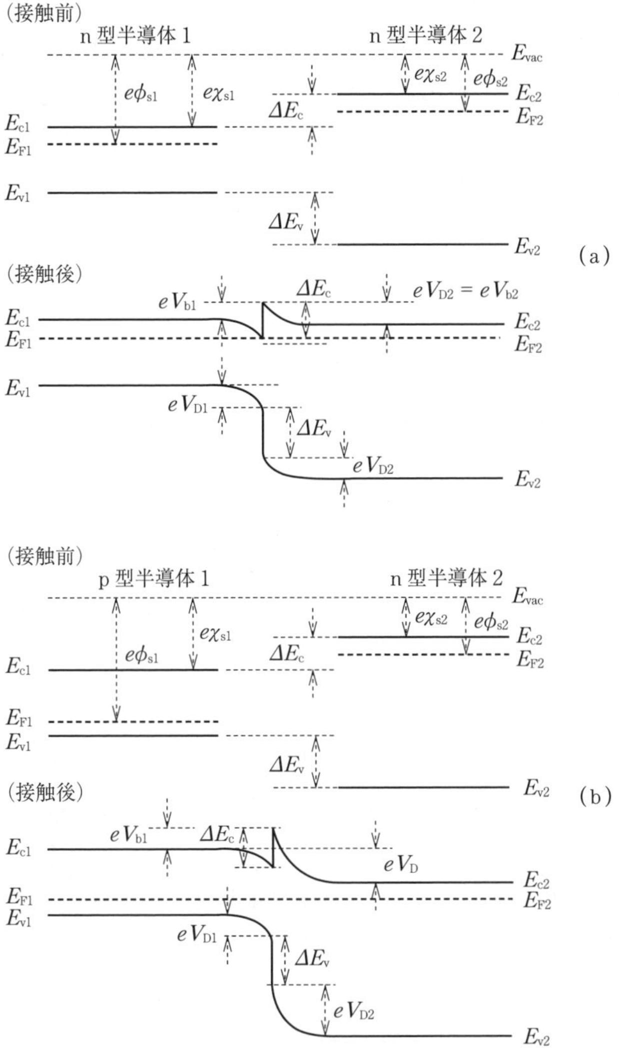

図 5.23 nn 半導体ヘテロ接合 (a) と pn 半導体ヘテロ接合 (b) のエネルギーバンド図

両ヘテロ接合界面にバンド不連続量が生じ，伝導帯の底の差 ΔE_c および価電子帯の頂上の差 ΔE_v として現われ，それぞれ式 (5.70) と式 (5.71) で与えられる。ここで ΔE_g はエネルギーギャップの差（$E_{g2} - E_{g1}$）である。

$$\Delta E_c = e(\chi_{s1} - \chi_{s2}) \tag{5.70}$$

$$\Delta E_v = \Delta E_g - \Delta E_c \tag{5.71}$$

図 5.23 に示したフェルミ準位が一致している熱平衡状態では，式 (5.72) のように両半導体の真空準位の差，つまり仕事関数の差がヘテロ接合の拡散障壁 eV_D となる。また，伝導帯端 E_c の電子に対するヘテロ界面の障壁の高さは V_b で，拡散電位 V_D は，式 (5.73) のように両半導体におけるバンドの曲り V_{D1} と V_{D2} の和となる。

$$eV_D = e(\phi_{s1} - \phi_{s2}) \tag{5.72}$$

$$V_D = V_{D1} + V_{D2} \tag{5.73}$$

5.3.2　ヘテロ接合の電流-電圧特性

図 5.23 に示した $E_{g1} < E_{g2}$，$\chi_{s1} > \chi_{s2}$ と仮定した nn ヘテロ接合 (a) と pn ヘテロ接合 (b) の場合について，それぞれの電流-電圧特性を考える。

図 5.23 (a) の nn ヘテロ接合の半導体 1 側に正電圧を印加したときのエネルギーバンド図を，**図 5.24** に示す。nn 接合では少数キャリヤの正孔電流は無視できるため，多数キャリヤの電子電流だけを考えればよい。印加電圧 V は半導体 1 側へ V_1 と半導体 2 側へ V_2 がそれぞれ加わり（$V = V_1 + V_2$），半導体 1 から半導体 2 へ向かう電子は，障壁 $e(V_{b1} + V_1)$ を超える必要があり，逆に半導体 2 から半導体 1 へ向かう電子は，障壁 $e(V_{b2} - V_2)$ を超える必要がある。したがって，熱電子放出による電子の電流密度 J_{n1}, J_{n2} は，式 (5.67) と同様にそれぞれ式 (5.74) と式 (5.75) で表される。

$$J_{n1} = eA_1 n_1 \exp\left\{-\frac{e(V_{b1} + V_1)}{k_B T}\right\} \tag{5.74}$$

$$J_{n2} = eA_2 n_2 \exp\left\{-\frac{e(V_{b2} - V_2)}{k_B T}\right\} \tag{5.75}$$

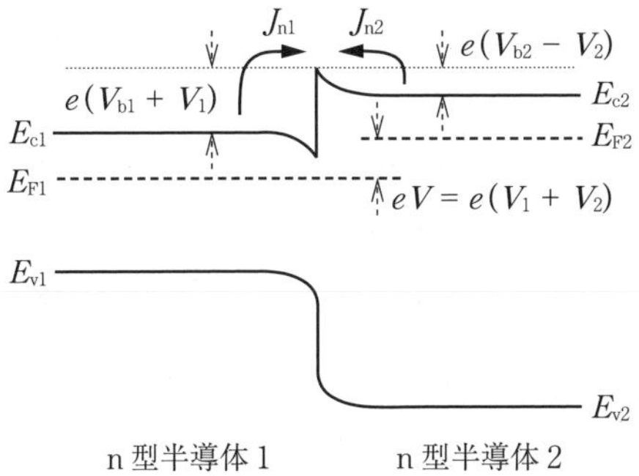

図 5.24 電圧印加時の nn 半導体ヘテロ接合のエネルギーバンド図と接合界面を流れる電流

ここで，n_1 と n_2 はそれぞれ半導体 1, 2 の中性領域の電子濃度で，A_1, A_2 はそれぞれ界面に向かう電子の平均速度を含む係数である。

印加電圧 $V = 0$ のときは双方向の電子の流れは釣り合っている（$J_{n1} = J_{n2}$）ため，式 (5.76) となり，式 (5.75) の J_{n2} は式 (5.77) と書ける。

$$A_1 n_1 \exp\left(-\frac{eV_{b1}}{k_B T}\right) = A_2 n_2 \exp\left(-\frac{eV_{b2}}{k_B T}\right) \tag{5.76}$$

$$J_{n2} = eA_1 n_1 \exp\left\{-\frac{e(V_{b1} - V_2)}{k_B T}\right\} \tag{5.77}$$

したがって，印加電圧 V のときの半導体 2 から半導体 1 へ流れる正味の電流密度 J は，式 (5.78) で表される。

$$J = J_{n2} - J_{n1} = eA_1 n_1 \exp\left(-\frac{eV_{b1}}{k_B T}\right)\left\{\exp\left(-\frac{eV_1}{k_B T}\right) - \exp\left(-\frac{eV_2}{k_B T}\right)\right\} \tag{5.78}$$

よって，nn ヘテロ接合あるいは pp ヘテロ接合では，印加電圧の極性にかかわらず，括弧内の 2 項のうちどちらかが電圧の上昇とともに指数関数的に増大するため，電流の飽和は観測されないことがわかる。

つぎに，pn ヘテロ接合の場合については，5.1 節の pn ホモ接合と同様に考える。図 5.23 (b) の pn ヘテロ接合の熱平衡状態（印加電圧 $V = 0$）では，p 型半導体 1 から n 型半導体 2 へ流入する電子濃度 n_{p0} と n 型半導体 2 から p 型半導体 1 へ流入する電子濃度 n_{n0} とが釣り合っているため，$n_{p0} = n_{n0}$（$= n_0$）とおける。このときの n_{p0} および n_{n0} の pn 接合界面における式は，伝導帯の

状態密度 D_{cp}, D_{cn} とフェルミ・ディラック分布関数 $f(E)$ を用いて，それぞれ式 (5.79) と式 (5.80) で与えられる。

$$n_{p0} = \int_{E_{cp}}^{\infty} D_{cp}(E) f(E) \mathrm{d}E = N_c \exp\left(-\frac{E_{cp} - E_F}{k_B T}\right) \tag{5.79}$$

$$n_{n0} = \int_{E_{cp}}^{\infty} D_{cn}(E) f(E) \mathrm{d}E = \int_{E_{cn}+eV_D}^{\infty} D_{cn}(E) f(E) \mathrm{d}E \tag{5.80}$$

ここで，N_c は伝導帯の有効状態密度で，$E_{cp} - E_{cn} = eV_D$ の拡散電位とした。また，n 型半導体 2 の全電子濃度 n_n は式 (5.81) で表されるので，$n_{p0} = n_{n0} = n_0$ より n_0 は式 (5.82) で求められる。

$$n_n = \int_{E_{cn}}^{\infty} D_{cn}(E) f(E) \mathrm{d}E = N_c \exp\left(-\frac{E_{cn} - E_F}{k_B T}\right) \tag{5.81}$$

$$n_0 = N_c \exp\left(-\frac{eV_D + E_{cn} - E_F}{k_B T}\right) = n_n \exp\left(-\frac{eV_D}{k_B T}\right) \tag{5.82}$$

そこで，順方向バイアス電圧 V（p 型半導体 1 側に正電圧）を印加すると，エネルギーバンド図は**図 5.25** のようになる。n 型半導体 2 から p 型半導体 1 へ注入される電子濃度 n は式 (5.83) となり，式 (5.82) を用いると式 (5.84) で表される。

$$n = \int_{E_{cp}}^{\infty} D_{cn}(E) f(E) \mathrm{d}E = \int_{E_{cn}+e(V_D-V)}^{\infty} D_{cn}(E) f(E) \mathrm{d}E \tag{5.83}$$

$$n = n_n \exp\left\{-\frac{e(V_D - V)}{k_B T}\right\} = n_0 \exp\left(\frac{eV}{k_B T}\right) \tag{5.84}$$

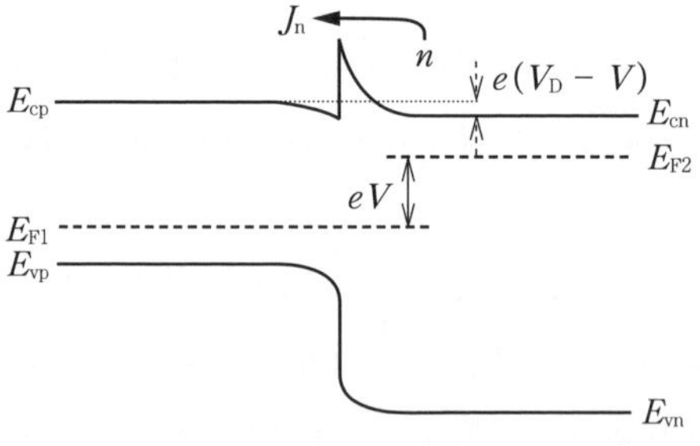

図 5.25　順バイアス電圧印加時の pn 半導体ヘテロ接合のエネルギーバンド図と接合界面を流れる電流

空乏層内でのキャリヤの再結合や生成は無視できるものとし，pn 接合界面より注入された電子の定常状態における連続の式は，拡散近似（電界 $\varepsilon = 0$）

では式 (5.85) で表される，

$$D_n \frac{d^2 n}{dx^2} = \frac{n - n_0}{\tau_n} \tag{5.85}$$

p 型領域の厚さは電子の拡散長 L_n より十分厚いものとして，式 (5.85) を式 (5.86) の境界条件の下で解くと式 (5.87) が得られる。ここで L_n は電子の拡散長で $L_n = (D_n \tau_n)^{1/2}$ である。

$$\left.\begin{aligned} n(-\infty) &= n_0 \\ n(0) &= n_0 \exp\left(\frac{eV}{k_B T}\right) \end{aligned}\right\} \tag{5.86}$$

$$n(x) = n_0 \exp\left(\frac{eV}{k_B T} - 1\right) \exp\left(\frac{x}{L_n}\right) + n_0 \tag{5.87}$$

pn ヘテロ接合面（$x = 0$）を通して流れる拡散による電子の電流密度は式 (5.88) となる。ここで，正孔に対する pn ヘテロ接合界面の障壁は十分高く，正孔による流れは無視できるとすると，pn ヘテロ接合を流れる全電流密度は式 (5.88) となり，式 (5.28) で表される pn ホモ接合と同様の電流–電圧特性を示すことになる。

$$J_n(0) = eD_n \left.\frac{dn}{dx}\right|_{x=0} = \frac{eD_n n_0}{L_n} \left\{ \exp\left(\frac{eV}{k_B T}\right) - 1 \right\} \tag{5.88}$$

5.4　量子井戸構造・超格子構造

5.4.1　量子井戸構造

前節の半導体ヘテロ構造を二重に接合した構造において，中央の半導体 1 と両側の半導体 2 のエネルギーギャップの関係が $E_{g1} < E_{g2}$ で，かつ電子親和力の関係が $\chi_{s1} > \chi_{s2}$ であるときのエネルギーバンド図を**図 5.26** に示す。この中央の半導体 1 の伝導帯には電子が，価電子帯には正孔がそれぞれ閉じ込められる。このとき，半導体 1 の膜厚 L_w が，半導体 1 の伝導帯の電子のド・ブロイ波長 λ に比べて十分厚い場合（$L_w \gg \lambda$）は，半導体 1 中の電子の状態は，通常の 3 次元の半導体結晶中の電子状態のままで変わらない。このような二重の

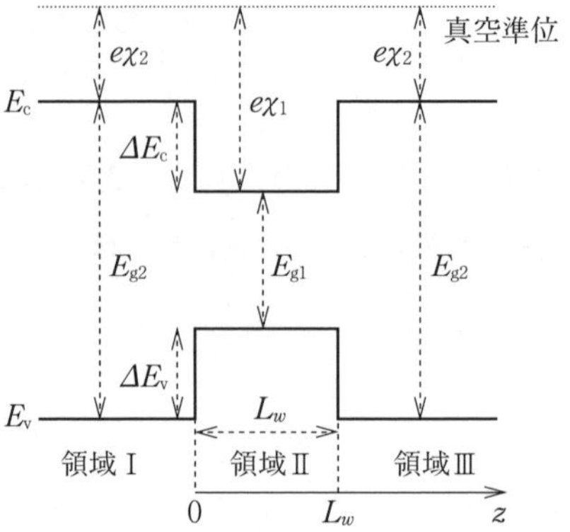

図 5.26　半導体ダブルヘテロ接合（1 次元量子井戸構造，$L_w < \lambda$）のエネルギーバンド図

半導体異種接合構造を**ダブルヘテロ構造**（double hetero-structure）と呼ぶ。

一方，半導体 1 の膜厚 L_w が電子の波長 λ に比べて薄い（$L_w < \lambda$）場合は，半導体 1 中の電子波は両側のヘテロ界面のエネルギー障壁で折り返されて閉じ込められ，量子化された離散的なエネルギー準位をもつ。このことを**量子閉じ込め効果**（quantum confinement effect）または**量子サイズ効果**（quantum size effect）と呼び，この構造を**量子構造**（quantum structure）という。この場合は 1 次元の**量子井戸**（quantum well，**QW**）といい，半導体 1 の層を**量子井戸層**，両側の半導体 2 の層を**障壁層**と呼ぶ。また，**図 5.27** に示すように，2 次元の量子井戸構造を**量子細線**（quantum well wire，**QWW**），3 次元の量子井戸構造を**量子ドット**（quantum dot，**QD**）と呼ぶ。

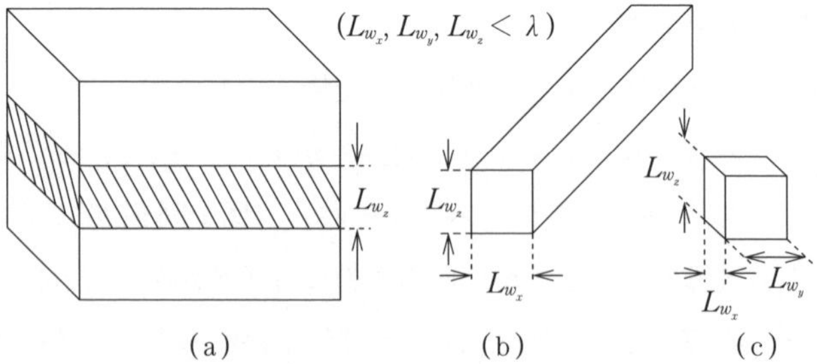

図 5.27　1 次元量子井戸 (a)，2 次元量子井戸（量子細線）(b)，3 次元量子井戸（量子ドット）(c) の構造

5.4.2　量子井戸構造内の電子のエネルギー状態

図5.26の1次元量子井戸構造における電子のエネルギー状態を考える。量子井戸内に閉じ込められた電子の状態を知るには，式(5.89)に示す井戸型ポテンシャル $V(z)$ を考慮した定常状態における1次元のシュレーディンガー波動方程式を解くことになる。以下では，伝導帯のバンド不連続量 ΔE_c が無限の場合と有限の場合について解説する。

$$-\frac{\hbar^2}{2m^*}\frac{\partial^2\psi}{\partial z^2} + V(z)\psi = E\psi \tag{5.89}$$

伝導帯バンド不連続量 ΔE_c が無限の場合は，z 方向の量子井戸内の電子は完全に閉じ込められ，障壁層内（$z \geqq L_w,\ z < 0$）での波動関数は零となる。したがって，量子井戸の伝導帯の底 E_c を基準（零）とすると，量子井戸内（$0 < z < L_w$）では，式(5.89)で $V(z) = 0$ とした式(5.90)を解くことになる。

$$-\frac{\hbar^2}{2m^*}\frac{\partial^2\psi}{\partial z^2} = E\psi \qquad (0 < z < L_w) \tag{5.90}$$

式(5.89)のエネルギー固有値は，量子数 n（$= 1, 2, 3, \ldots$）とすると式(5.91)で与えられる。

$$E_n = \frac{\hbar^2}{2m^*}\left(\frac{n\pi}{L_w}\right)^2 \qquad (n = 1, 2, 3, \ldots) \tag{5.91}$$

この量子数 n に対する波動関数は，規格化条件により式(5.92)で表され，各量子数における量子井戸内の波動関数の分布は**図5.28**のようになる。量子井

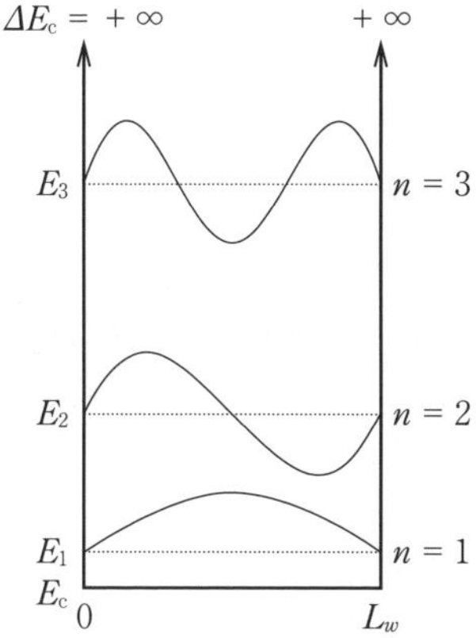

図5.28　1次元量子井戸の伝導帯中の電子波と量子準位（$\Delta E_c = \infty$ のとき）

戸内では，電子のエネルギーは閉じ込めエネルギーにより伝導帯の底 E_c よりも高くなり，z 方向についてはエネルギー準位が離散化される。

$$\psi_n(z) = \sqrt{\frac{2}{L_w}} \sin \frac{n\pi}{L_w}\left(z + \frac{L_w}{2}\right) \tag{5.92}$$

ΔE_c が有限の場合は，量子井戸内の電子の波動関数の裾が障壁層の中にも浸み込んでいくため，図 5.26 の三つの領域 I, II および領域 III について解くことになる。領域 II の量子井戸内（$0 < z < L_w$）では，式 (5.89) のポテンシャルエネルギー $V(z) = 0$ として式 (5.93) で表される。

$$\frac{\partial^2 \psi}{\partial z^2} + k_2^{\,2} \psi = 0 \tag{5.93}$$

ここで

$$k_2 = \left(\frac{2m^* E}{\hbar}\right)^{1/2} \tag{5.94}$$

領域 II における式 (5.93) の一般解は式 (5.95) で表され，A_2, B_2 は係数である。

$$\psi_2(z) = A_2 \mathrm{e}^{ik_2 z} + B_2 \mathrm{e}^{-ik_2 z} \tag{5.95}$$

領域 I と領域 III の障壁層（$z < 0,\ z \geqq L_w$）では，式 (5.89) に $V(z) = \Delta E_c$ とおいて式 (5.96) で表される。

$$\frac{\partial^2 \psi}{\partial z^2} - k_1^{\,2} \psi = 0 \tag{5.96}$$

ここで

$$k_1 = \left\{-\frac{2m^*(\Delta E_c - E)}{\hbar}\right\}^{1/2} \tag{5.97}$$

量子井戸内に閉じ込められた電子のエネルギーは $E < \Delta E_c$ なので k_1 は実数となり，式 (5.96) の一般解は式 (5.98) で表される。

$$\psi_1(z) = A_1 \mathrm{e}^{k_1 z} + B_1 \mathrm{e}^{-k_1 z} \tag{5.98}$$

領域 I では，$z = -\infty$ で係数 $B_1 = 0$ となり，式 (5.98) の解は式 (5.99) となる。同様に領域 III では，$z = +\infty$ で係数 $A_3 = 0$ となり，式 (5.98) の解は式 (5.100) となる。

$$\psi_1(z) = A_1 \mathrm{e}^{k_1 z} \tag{5.99}$$

$$\psi_3(z) = B_3 e^{-k_1 z} \tag{5.100}$$

量子井戸層と障壁層の二つの境界面（$z = 0, L_w$）において，各領域の波動関数が連続的につながる条件は，式 (5.95), (5.99), (5.100) の 3 式より以下の四つの条件式で表され，それぞれの条件式から→の右側に示す式が得られる。

$$\psi_1(0) = \psi_2(0) \quad \rightarrow \quad A_1 = A_2 + B_2 \tag{5.101}$$

$$\left.\frac{\partial \psi_1}{\partial z}\right|_{z=0} = \left.\frac{\partial \psi_2}{\partial z}\right|_{z=0} \quad \rightarrow \quad k_1 A_1 = ik_2 A_2 - ik_2 B_2 \tag{5.102}$$

$$\psi_2(L_w) = \psi_3(L_w) \quad \rightarrow \quad A_2 e^{ik_2 L_w} + B_2 e^{-ik_2 L_w} = B_3 e^{-k_1 L_w} \tag{5.103}$$

$$\left.\frac{\partial \psi_2}{\partial z}\right|_{z=L_w} = \left.\frac{\partial \psi_3}{\partial z}\right|_{z=L_w} \quad \rightarrow \quad ik_2 A_2 e^{ik_2 L_w} - ik_2 B_2 e^{-ik_2 L_w} = -k_1 B_3 e^{-k_1 L_w} \tag{5.104}$$

以上の式 (5.101)～(5.104) の右側の四つの式から，A_1, A_2, B_2, B_3 の係数の行列式 (5.105) を求め，その行列式の値が零となる解が，係数 A_1, A_2, B_2, B_3 がすべて零でない解を与えることになり，量子井戸内の電子のエネルギー状態が求められ，波動関数の解が得られることになる。

$$\begin{vmatrix} 1 & -1 & 1 & 0 \\ k_1 & -ik_2 & ik_2 & 0 \\ 0 & e^{ik_2 L_w} & e^{-ik_2 L_w} & -e^{-k_1 L_w} \\ 0 & ik_2 e^{ik_2 L_w} & -ik_2 e^{-ik_2 L_w} & k_1 e^{-k_1 L_w} \end{vmatrix} = 0 \tag{5.105}$$

式 (5.105) は**永年方程式**とも呼ばれ，直接解くのは難解であるため，計算した式を整理すると式 (5.106) を得ることができる。ここで，半導体 1, 2 の有効質量については $m_1^* = m_2^* = m$ と仮定した。

$$\underbrace{\tan\frac{\sqrt{2m^*E}}{\hbar}}_{f_1(\sqrt{E})} = \underbrace{\frac{2\sqrt{E(\Delta E_c - E)}}{2E - \Delta E_c}}_{f_2(\sqrt{E})} \tag{5.106}$$

式 (5.106) の両辺を$\sqrt{E}$の関数として，それぞれ左辺を $f_1(\sqrt{E})$，右辺を $f_2(\sqrt{E})$ とおき，$f_1(\sqrt{E}) = f_2(\sqrt{E})$ となる解を求めることになる。そのことを図示したのが**図 5.29** で，$f_1(\sqrt{E})$ と $f_2(\sqrt{E})$ の二つの曲線の交点となるエネルギー E の値が，量子井戸内の電子の z 方向に量子化されたエネルギー準位の解となる。

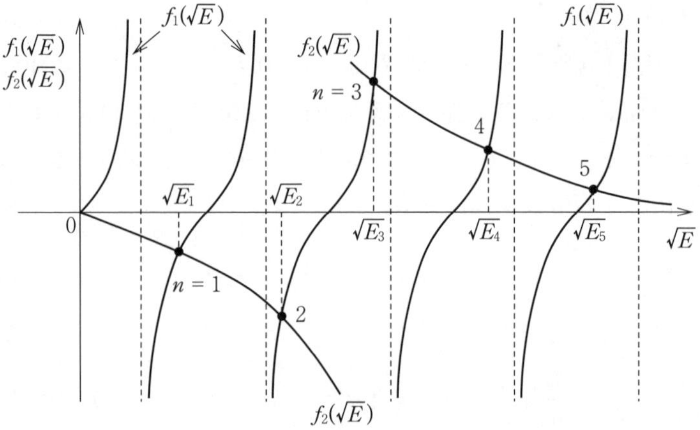

図 5.29　1 次元量子井戸内の電子状態（量子数 n とその量子準位 E_n）の解析（ΔE_c：有限のとき）

以上より，求められた量子準位と波動関数の分布は**図 5.30** のように示される。波動関数の振幅の裾は障壁層側にも浸み込み，$|z|$ が大きくなるにつれて指数関数的に減衰する。

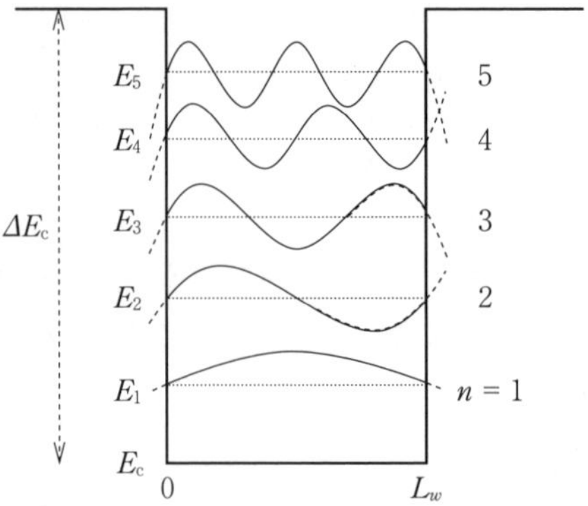

図 5.30　1 次元量子井戸の伝導帯中の電子波と量子準位（ΔE_c：有限のとき）

したがって，量子井戸内の電子の全エネルギーは，量子井戸面内 (x, y) では自由電子的に振る舞うので，z 方向に量子化されたエネルギー E_n（量子数 n）を加えて，式 (5.107) で表される。ここで，ΔE_c が無限大の場合の z 方向の量子準位 E_n は，エネルギー固有値の式 (5.91) である。

$$E = E_n + \frac{\hbar^2}{2m^*}(k_x{}^2 + k_y{}^2) \tag{5.107}$$

5.4.3　量子井戸構造の電子の状態密度

半導体バルク構造の伝導帯の状態密度については，2章の式 (2.6) で示したように，電子のエネルギー $(E - E_c)^{1/2}$ に比例して増大した。1次元量子井戸構造における状態密度については，式 (5.107) のように一方向 (z) に量子化された量子準位の各量子数 n について，量子井戸面内 (x, y) における2次元の波数空間における状態数を考え，すべての量子数について総和をとることになる。

量子井戸面内の x, y 方向に沿った原子の数を N_x, N_y，格子間隔を a とすると，1.6節でも述べたように，波数 k_x についての個々の状態間の波数差は $\Delta k_x = 2\pi/N_x a$ となり，波数 k_y についても波数差は $\Delta k_y = 2\pi/N_y a$ となる。よって，2次元の波数空間 (k_x, k_y) における一つの状態が占める面積は $\Delta k_x \Delta k_y$ となり，その逆数の式 (5.108) が波数空間の単位面積当りの状態数となる。ここで，S は量子井戸層 (xy 面) の結晶の面積である。

$$\frac{1}{\Delta k_x \Delta k_y} = \frac{(N_x a)(N_y a)}{4\pi^2} = \frac{S}{4\pi^2} \tag{5.108}$$

したがって，**図5.31** に示すように，一つの量子数 n についての2次元の波数空間の単位面積当りの状態数は，式 (5.108) に波数 k～$k+\mathrm{d}k$ の面積を掛け，スピンを考慮 (×2) すると式 (5.109) となる。これは一つの量子数 n についての波数 k～$k+\mathrm{d}k$ に対するエネルギー E～$E+\mathrm{d}E$ のエネルギー幅 $\mathrm{d}E$ と状態

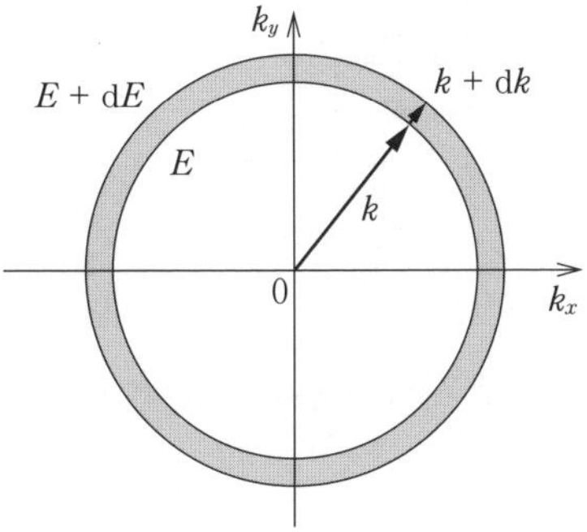

図5.31　1次元量子井戸の電子の波数空間（電子のエネルギー E～$E+\mathrm{d}E$，k_z は量子化）

密度 $D_n(E)$ の積の形における。

$$2\frac{S}{4\pi^2}2\pi k\mathrm{d}k = D_n(E)\mathrm{d}E \tag{5.109}$$

よって，$E = \hbar^2k^2/2m^*$ の関係を用いて式 (5.109) を整理し，結晶の単位面積当りにすると，一つの量子数 n についての状態密度 $D_n(E)$ は式 (5.110) で与えられる。

$$D_n(E) = \frac{m^*}{\pi\hbar^2} \tag{5.110}$$

式 (5.110) より，一つの量子数 n における状態密度はエネルギーに依存せず一定であることがわかる。したがって，量子井戸層の伝導帯における全状態密度 $D(E)$ は，各量子数 n についての状態密度 $D_n(E)$ の総和をとることで得られ，式 (5.111) に示すように階段関数 $\theta(E - E_c)$ となる。

$$D(E) = \sum_n D_n = \sum_n \frac{m^*}{\pi\hbar^2}\theta(E - E_n) \tag{5.111}$$

図 5.32 に，1 次元量子井戸構造のエネルギーバンド図 (a) と状態密度のエネルギー分布 (b) を示す。価電子帯の状態密度も伝導帯と同様に階段関数型

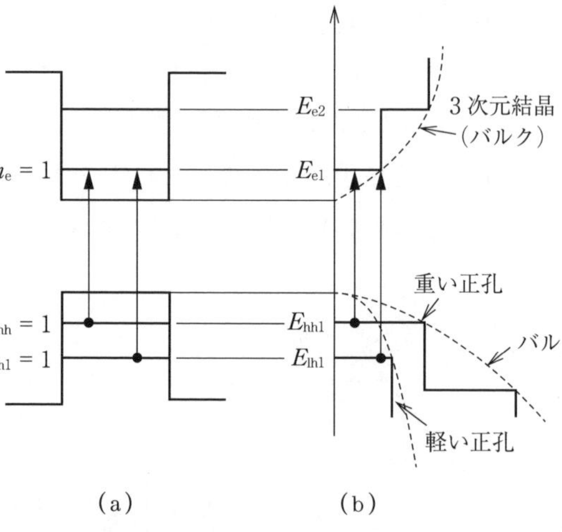

図 5.32　1 次元量子井戸のエネルギーバンド図 (a) と状態密度のエネルギー分布 (b)

の状態密度となり，さらに**重い正孔**（heavy hole，**hh**）のバンドと**軽い正孔**（light hole，**lh**）のバンドが存在するため，2 種類の量子数 $n_{\mathrm{hh}}, n_{\mathrm{lh}}$ とそれぞれの量子準位がある。比較のため，点線でバルク結晶の状態密度も示すが，量子井戸の状態密度はバルクに比べて狭くなることがわかる。

つぎに，2 次元量子井戸（量子細線）構造における状態密度を考える。図 5.27 に示したように，x 方向と z 方向についてはそれぞれ量子サイズ効果があり，y 方向については自由電子のように振る舞うため，その電子の全エネルギーは式 (5.112) で表される。ここで，E_{n_x}, E_{n_z} はそれぞれ x 方向と z 方向の量子準位で，バンド不連続量が∞のときは式 (5.90) で表される。

$$E = E_{n_x} + E_{n_z} + \frac{\hbar^2 k_y{}^2}{2m^*} \tag{5.112}$$

量子細線の 1 次元の波数空間 k_y における一つの状態が占める長さは $\Delta k_y = 2\pi/N_y a = 2\pi/L_y$ となるので，その逆数が波数空間における単位長さ当りの状態数となる。ここで，L_y は量子細線の長さである。したがって，量子細線の一組の量子数 n_x, n_z における状態数は，量子細線の状態密度 $D_{n_x, n_z}(E)$ を用いて式 (5.113) のように表される。

$$2\frac{L}{2\pi}\mathrm{d}k = D_{n_x, n_z}(E)\mathrm{d}E \tag{5.113}$$

よって，量子細線の一組の量子数 n_x, n_z における単位体積当りの状態密度 $D_{n_x, n_z}(E)$ は式 (5.114) で表され，全状態密度は各量子数における状態密度の総和となり，式 (5.112) と式 (5.113) より式 (5.115) で表される。**図 5.33** (a)，(b) にそれぞれ 1 次元量子井戸と量子細線の状態密度のエネルギー分布を示す。量子細線の状態密度はのこぎり歯型の関数になり，1 次元量子井戸に比べてさらにエネルギー分布の幅が狭くなる。

$$D_{n_x, n_z}(E) = \frac{1}{\pi}\frac{m^*}{\hbar^2 k_y} \tag{5.114}$$

$$D(E) = \sum_{n_x, n_z} D_{n_x, n_z}(E) = \sum_{n_x, n_z}\sqrt{\frac{m^*}{2}}\frac{1}{\pi\hbar}\{E - (E_{n_x} + E_{n_y})\}^{-1/2} \tag{5.115}$$

さらに，3 次元量子井戸（量子ドット）構造の状態密度について同様に考え

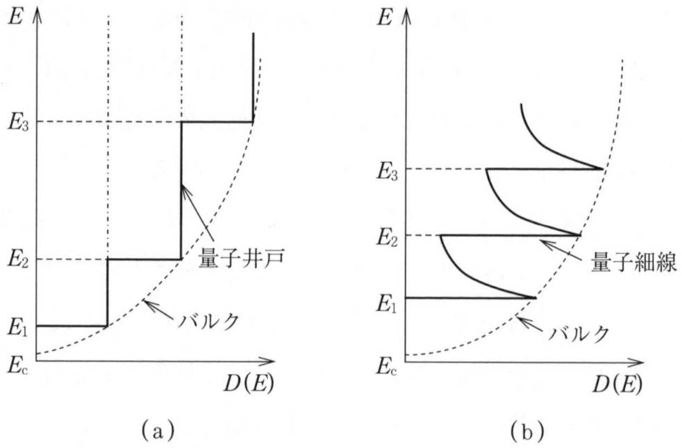

図 5.33　1 次元量子井戸 (a) と 2 次元量子井戸（量子細線）(b) における伝導帯の状態密度のエネルギー分布

る。図 5.27 のように x, y, z の 3 次元方向について量子サイズ効果があるため，その電子の全エネルギーは，式 (5.116) のようにすべて量子化されたエネルギー準位 $E_{n_x}, E_{n_y}, E_{n_z}$ の和で表され，完全に離散化された量子準位となる。ここで，バンド不連続量が∞のときの式 (5.91) を用いて表した。

$$E = E_{n_x} + E_{n_y} + E_{n_z} = \frac{\hbar^2\pi^2}{2m^*}\left(\frac{{n_x}^2}{{L_{w_x}}^2} + \frac{{n_y}^2}{{L_{w_y}}^2} + \frac{{n_z}^2}{{L_{w_z}}^2}\right) \tag{5.116}$$

したがって，量子ドットの状態密度は式 (5.117) の δ 関数 $\delta(E)$ で表され，**図 5.34** のような状態密度となる。原子のように完全に離散化された鋭いエネルギー準位をもつことから，量子ドットは**人工原子**とも呼ばれている。

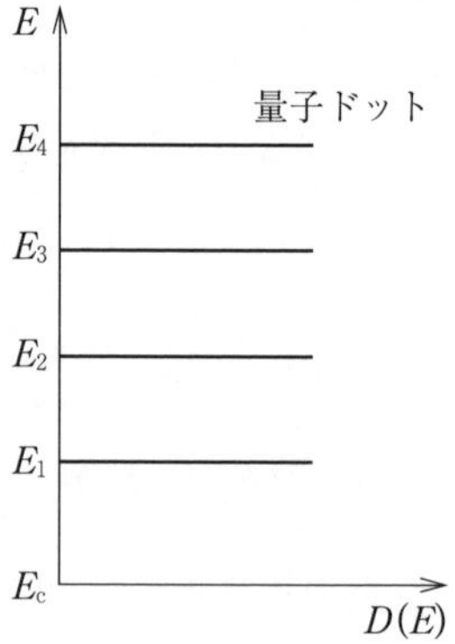

図 5.34　3 次元量子井戸（量子ドット）における伝導帯の状態密度のエネルギー分布

$$D(E) = \sum_{n_x, n_y, n_z} 2\delta(E - E_{n_x} - E_{n_y} - E_{n_z}) \tag{5.117}$$

5.4.4　超 格 子 構 造

量子構造が周期的に配列された構造のことを**超格子**（super lattice）と呼ぶ。**図 5.35** には，3 種類の超格子構造のエネルギーバンド図を示す。図 (a) はタイプ I 超格子で，電子と正孔は共に同じ半導体 B 層に閉じ込められた構造である。図 (b) はタイプ II 超格子で，電子は半導体 B 層に，正孔は半導体 A 層にそれぞれ閉じ込められた構造である。さらに図 (c) はタイプ III 超格子で，タイプ II 超格子と同様に，電子と正孔の閉じ込め層は互い違いになっているが，それぞれ閉じ込められた電子の伝導帯と正孔の価電子帯が界面で重なっている半金属状態の構造である。

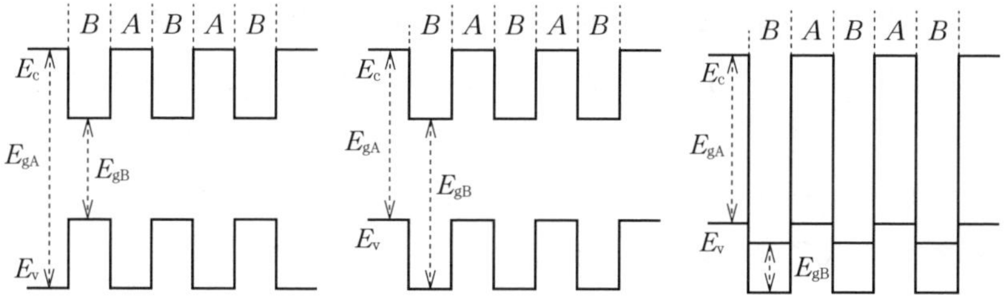

(a)　タイプ I 超格子　　(b)　タイプ II 超格子　　(c)　タイプ III 超格子

図 5.35　半導体超格子構造

周期的な量子構造の配列であっても障壁層の厚さが厚く，井戸層の電子の波動関数が隣の井戸層の波動関数と重ならない場合は，各井戸層が独立した量子井戸層と見なされ，5.4.2 項で述べた電子状態を考えればよい。しかし，障壁層の厚さが薄く，隣り合った井戸層間で波動関数が重なる場合は，量子井戸の量子準位が分裂し，**図 5.36** (a) のように小さなエネルギーバンドが形成される。これを**ミニバンド**（mini band）または**サブバンド**（sub band）と呼ぶ。

超格子におけるエネルギー E と波数 k の関係は，1.5 節で述べた矩形状の周期ポテンシャルについてのクローニッヒ・ペニーモデルにより解析することが

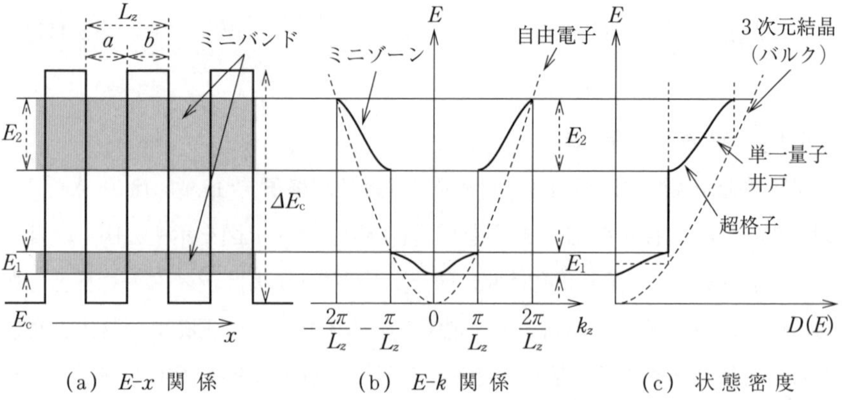

図 5.36　半導体超格子の伝導帯のエネルギーバンド構造

でき，図 5.36 (b) のようなエネルギーバンド構造が伝導帯内に形成される。1.5 節での解析結果と同様に，ブリルアン領域の境界（$|k_z| = n\pi/L_z$，$n = 1, 2, \ldots$）で禁制帯が現れるが，超格子の周期 L_z は半導体1と半導体2の膜厚の合計になり，1.5 節で考えた結晶の原子の周期配列に比べて数十倍も大きいことから，ブリルアン領域の幅（$|k_z| = 2\pi/L_z$）は数十分の一と小さくなる。また，超格子の状態密度は，ミニバンドの形成によって 5.4.3 項の量子井戸の状態密度の階段関数型が変形し，図 5.36 (c) のような形になる。

6 半導体における発光と光吸収

本章では，半導体中のキャリヤと光の代表的な相互作用である光吸収と発光の遷移過程における基本原理と各種の光学遷移について考える。また，発光を伴わない非発光性の再結合についても概説する。

6.1 光学遷移の基礎

物質中の電子と光子との相互作用において，電子の状態遷移の間にはエネルギーおよび運動量の保存則が満たされなければならない。電子に光子が衝突すると，光のエネルギーと運動量がその電子に与えられ，光子は消滅し，電子は励起状態となる。これが光の**吸収**（absorption）である。逆に，エネルギーの高い励起状態の電子が基底状態に戻る際に，余分のエネルギーと運動量を光子の形で放出するのが**発光**（emission，light-emitting，luminescence）である。

また，絶対温度 T の熱平衡状態の物質中では，原子の集団がその熱浴に分散していて，光の放出と吸収が頻繁に起こり，両者の光学遷移の割合が釣り合っている。その熱平衡状態における光（電磁波）のエネルギー密度のスペクトル分布 $\rho(\nu)$ は，式 (6.1) で与えられる。これを**プランクの輻射則**（Plank's law）という。

$$\rho(\nu) = \frac{8\pi h\nu^3}{c^3}\frac{1}{\exp\left(\dfrac{h\nu}{k_B T}\right) - 1} \tag{6.1}$$

ここで，h はプランク定数，k_B はボルツマン定数，ν は光子の振動数，c は光の速度である。

物質中における光子の吸収と放出の過程について，まずは**図 6.1** に示す二つのエネルギー準位をもつ原子の集団と光の相互作用を考える。エネルギー準位 E_1, E_2 の間のエネルギー差 ΔE は，光子のエネルギー $h\nu$ と等しいものとする。図 (a) は**光吸収**を示し，エネルギー準位 E_1 の基底状態の電子が光子エネルギー $h\nu$ を吸収して，エネルギー準位 E_2 の励起状態に遷移する。この光吸収速度は，エネルギー準位 E_1 に電子をもつ原子数 N_1 個に比例し，かつ入射光のエネルギー密度 $\rho(\nu)$ に比例する。

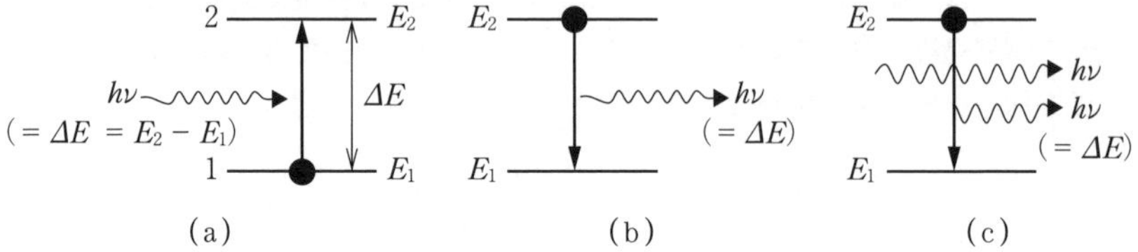

図 6.1　2 準位系における光吸収 (a)，自然放出 (b)，誘導放出 (c)

光子の放出過程には 2 種類があり，図 (b) の**自然放出**（spontaneous emission）と図 (c) の**誘導放出**（stimulated emission）である。励起状態のエネルギー準位 E_2 にいる電子は統計的な確率分布をもち，その平均時間である寿命時間 τ の間とどまっている。エネルギー準位 E_2 の電子は，寿命時間の逆数（$1/\tau$）の速度で E_2 の励起状態から E_1 の基底状態に遷移し，光子（$E_2 - E_1 = h\nu$）を放出する。この過程を自然放出という。この自然放出速度はエネルギー準位 E_2 に電子をもつ原子数 N_2 に比例する。

誘導放出は光吸収の逆過程で，図 (c) に示すように，エネルギー準位 E_2 の電子が寿命時間 τ を待たずに外部からの光（電磁波）に誘導されてエネルギー準位 E_1 へ遷移し，光子を放出する過程である。よって誘導放出は，エネルギー準位 E_2 の電子をもつ原子数 N_2 と入射光のエネルギー密度 $\rho(\nu)$ の両方に比例する。

上述の光吸収，自然放出，誘導放出が起きているときの基底状態に電子が存在する原子数 N_1 の増加速度は式 (6.2) で表され，右辺の第 1 項は自然放出速度，第 2 項は誘導放出速度，第 3 項は光吸収速度である。ここで，A_{21}, B_{21}, B_{12}

はエネルギー準位 E_1 と E_2 間のそれぞれの遷移過程における係数である。

$$\frac{\mathrm{d}N_1}{\mathrm{d}t} = A_{21}N_2 + B_{21}N_2\rho(\nu) - B_{12}N_1\rho(\nu) \tag{6.2}$$

熱平衡状態では $\mathrm{d}N_1/\mathrm{d}t = 0$ で，かつ $N_1 > N_2$ となり，その比はボルツマン分布に従うので式 (6.3) で与えられる。

$$\frac{N_2}{N_1} = \exp\left(-\frac{E_2 - E_1}{k_\mathrm{B}T}\right) \tag{6.3}$$

式 (6.2) および $E_2 - E_1 = h\nu$ とした式 (6.3) より，熱平衡状態における光エネルギー密度 $\rho(\nu)$ を導出すると，式 (6.4) が得られる。

$$\rho(\nu) = \frac{A_{21}}{B_{12}} \frac{1}{\exp\left(\dfrac{h\nu}{k_\mathrm{B}T}\right) - \dfrac{B_{21}}{B_{12}}} \tag{6.4}$$

この式は熱平衡状態における式 (6.1) のプランクの輻射則と一致するため，式 (6.5a, b) の関係が得られる。

$$B_{12} = B_{21} = B \tag{6.5a}$$

$$\frac{A_{21}}{B} = \frac{8\pi h\nu^3}{c^3} \tag{6.5b}$$

式 (6.5a) は，（誘導）吸収と誘導放出がたがいに逆過程であることから，当然の帰結である。また，式 (6.5b) は自然放出と誘導放出がたがいに独立ではないことを意味し，自然放出と誘導放出の係数の比は光の振動数の 3 乗に比例することがわかる。

つぎに，非平衡状態の一例として，式 (6.2) 中の光エネルギー密度 $\rho(\nu)$ が非常に強く，自然放出速度の項が無視できる場合について考える。N_1 の増加速度 $\mathrm{d}N_1/\mathrm{d}t$ は，励起状態 2 から基底状態 1 への遷移によって放出される光子の増加速度 $\mathrm{d}n_\mathrm{p}/\mathrm{d}t$ に等しいとおくことができ，式 (6.6) となる。

$$\frac{\mathrm{d}N_1}{\mathrm{d}t} \cong \frac{dn_\mathrm{p}}{\mathrm{d}t} \cong B\rho(\nu)(N_2 - N_1) \tag{6.6}$$

よって，光吸収速度より誘導放出速度が上回って光子の増加速度が $\mathrm{d}n_\mathrm{p}/\mathrm{d}t > 0$ となる光増幅の条件としては，$N_2 > N_1$ を満足する必要がある。この条件は，熱平衡状態の $N_2 < N_1$ の関係に対して反転した分布であることから**反転分布**（population inversion）と呼ばれ，また式 (6.3) の絶対温度 T を負にした**負の温度状態**とも呼ばれる。反転分布を実現するため，光吸収を増して N_2 を増してもそれに伴って誘導放出も増加して N_1 が増えるので，2 準位間の遷移だけでは反転分布は決して実現できない。反転分布を実現する最も単純な系は 3 準位系で，**図 6.2** に示すように，準位 1 から準位 3 へ電子をポンピング（励起）し，準位 3 から準位 2 への速い遷移が起こることで準位 2 の電子数が増し，準位 1 に対する反転分布を形成することができ，光増幅作用を実現することができる。

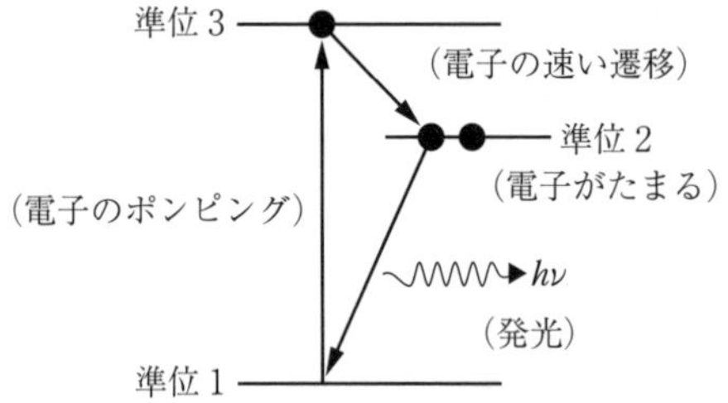

図 6.2　3 準位系における反転分布

6.2　バンド間における光学遷移

半導体における基本的な光の吸収と発光の過程として，伝導帯と価電子帯の間における光とキャリヤの相互作用があり，これを**バンド間遷移**という。多くの発光・受光デバイスではバンド間遷移が基本となっている。**図 6.3** (a) に示すように，入射光のエネルギー $h\nu$ とエネルギーギャップ E_g との関係が，$h\nu < E_g$ の場合は光の吸収は起こらずに透過してしまうが，$h\nu \geqq E_g$ の場合は光が吸収されて電子–正孔対を生成する。$h\nu > E_g$ のときの伝導帯底 E_c よりも高いエネルギー状態に励起された電子は，その余分なエネルギーをきわめて短い時間（10^{-13} s 以下）のうちに格子振動（フォノン）を励起して，伝導帯底部まで高速に緩和する。価電子帯の正孔についても同様に，高エネルギーの正孔は価電子帯頂上部まで高速に緩和する。

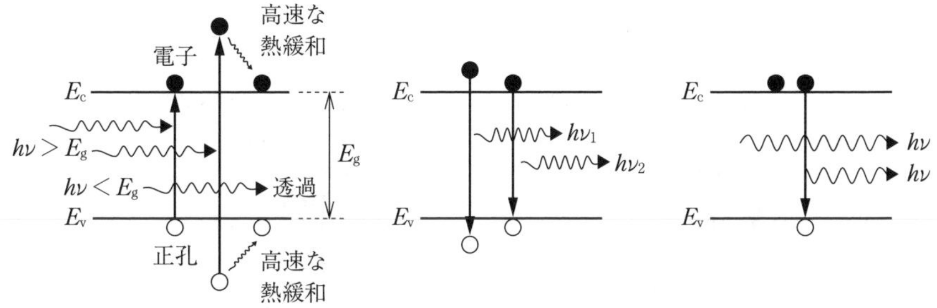

図 6.3　半導体における光吸収 (a)，自然放出 (b)，誘導放出 (c)

バンド間遷移による発光では，伝導帯の電子と価電子帯の正孔が再結合して消滅する際に，エネルギーと運動量の保存則を満たした光子を発生する。前節でも述べたように，図 6.3 (b) の自然放出と図 (c) の誘導放出の二つの発光過程がある。半導体中のキャリヤのエネルギー分布については，2 章でも述べたように状態密度とフェルミ・ディラック分布関数の積をバンド内で積分して求めたように，**図 6.4** (a) のようなエネルギー分布をもっているため，自然放出光のエネルギーは電子と正孔が再結合するエネルギー差（E_g 以上）となるため，キャリヤのエネルギー分布を反映した広い発光スペクトルとなる。

半導体中にキャリヤを注入して反転分布を形成し，誘導放出が支配的な光増幅作用について考える。図 6.4 (b) のように，伝導帯のエネルギー E_2 と価電子帯のエネルギー E_1 の間における自然放出速度 $R_{21}{}^{\mathrm{spon}}$，誘導放出速度 $R_{21}{}^{\mathrm{stim}}$，光吸収速度 $R_{12}{}^{\mathrm{abs}}$ は，前節の 2 準位系と同様にそれぞれ式 (6.7a, b, c) で表される。ここで，エネルギー差 $E_{21} = E_2 - E_1 = h\nu$（$= E_{12}$）で，光子密度 $n_p(\nu) = \rho(\nu)/h\nu$（$\rho(\nu)$：光エネルギー密度）を用いた。また，$D_c(E_2)$ と $D_v(E_1)$ はエネルギー準位 E_2 と E_1 における状態密度で，$f(E_2)$ と $f(E_1)$ は E_2 と E_1 におけるフェルミ・ディラック分布関数である。さらに，前節の各遷移過程における係数 A_{21}, B_{21}, B_{12} は，E_1 と E_2 間のそれぞれの遷移確率に相当する。

$$R_{21}{}^{\mathrm{spon}} = A_{21} D_c(E_2) f(E_2) D_v(E_1)\{1 - f(E_1)\} \tag{6.7a}$$

$$R_{21}{}^{\mathrm{stim}} = B_{21} n_p(\nu) D_c(E_2) f(E_2) D_v(E_1)\{1 - f(E_1)\} \tag{6.7b}$$

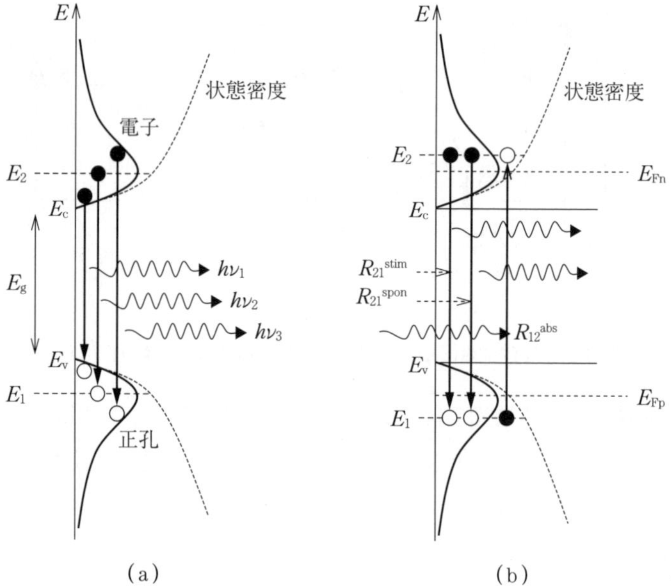

図 6.4　半導体のバンド間遷移による発光エネルギー分布 (a)，発光と光吸収過程 (b)

$$R_{12}^{abs} = B_{12}n_p(\nu)D_c(E_2)\{1 - f(E_2)\}D_v(E_1)f(E_1) \tag{6.7c}$$

キャリヤの注入量が多く，自然放出速度を無視できるとすると，正味の誘導放出速度 R_{21}^{net} は式 (6.8) で表される。

$$R_{21}^{net} = R_{21}^{stim} - R_{12}^{abs} = B_{21}n_p(\nu)D_c(E_2)D_v(E_1)\{f(E_2) - f(E_1)\} \tag{6.8}$$

したがって，式 (6.8) の $R_{21}^{net} > 0$ で光増幅，$R_{21}^{net} < 0$ で光吸収が支配的となり，光増幅作用を実現するには $f(E_2) > f(E_1)$ の反転分布の形成が必要となることがわかる。このキャリヤ注入による反転分布の形成については，7.2 節の半導体レーザで詳しく述べる。

つぎに，半導体のバンド構造の違いによる光学遷移過程について考える。1.7 節でも述べたように半導体材料の種類には直接遷移型と間接遷移型とがある。それぞれのバンド構造における光学遷移過程において，エネルギー保存則と運動量保存則を満足しなければならない。GaAs や InAs などの直接遷移型半導体の場合，**図 6.5** に示すように，伝導帯底部の電子（エネルギー E_2，運動量 $\hbar k_2$）が価電子帯頂上部の正孔（E_1，$\hbar k_1$）と再結合する際に，式 (6.9a, b)

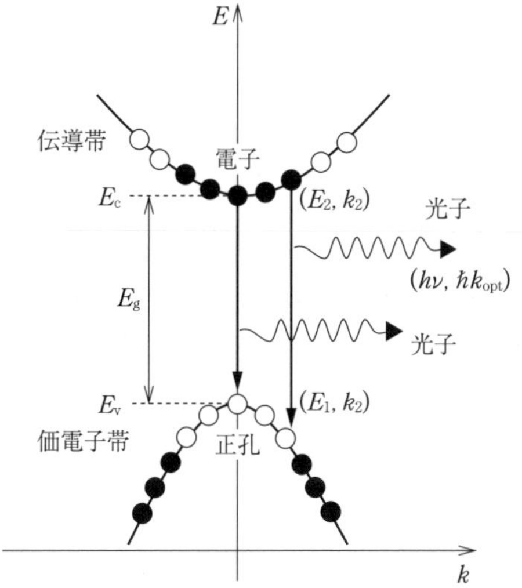

図 6.5 直接遷移型半導体のエネルギーバンド図（E-k 分散）における発光の遷移過程

を満たすエネルギー $h\nu$ と運動量 $\hbar k_{opt}$ の光子を放出することになる。

$$E_2 - E_1 = h\nu \tag{6.9a}$$

$$\hbar k_2 - \hbar k_1 = \hbar k_{opt} \tag{6.9b}$$

電子の波長に比べて光子の波長 λ_{opt} は十分長いため，光子のもつ波数の大きさ $|k_{opt}|$（$= 2\pi/\lambda_{opt}$）は電子の波数空間上ではきわめて小さい値となる。図 6.5 の直接遷移型半導体の場合は，伝導帯底部の電子と価電子帯頂上部の正孔の再結合において式 (6.9) を満足しやすく，光子の放出が起こりやすい。

一方，Si や Ge などの間接遷移型半導体の場合は，伝導帯底部の電子の波数 k_2 と価電子帯頂上部の正孔の波数 k_1 との差 Δk（$= k_2 - k_1$）が光子の波数 k_{opt} に比べて十分大きいため，電子と正孔の再結合において，光子を放出するだけで式 (6.9b) の運動量の保存則を満たすことができない。間接遷移型半導体の再結合における大きな運動量の差 $\Delta\hbar k$ を保存するには，光子の放出だけでなく，格子振動（フォノン）との相互作用も同時に起こる必要がある。つまり，式 (6.10b) に示すように，フォノンの運動量 $\hbar k_{phon}$ によって保存される必要がある。また，フォノンとの相互作用ではフォノンのエネルギー $\hbar\omega_{phon}$ のやり取り（吸収または放出）も起こり，エネルギー保存則の式としては式 (6.10a)

で表される。**図 6.6** には，間接遷移型半導体における発光を伴う再結合過程を示す。

$$E_2 - E_1 = h\nu \pm \hbar\omega_{\mathrm{phon}} \tag{6.10a}$$

$$\hbar k_2 - \hbar k_1 = \hbar k_{\mathrm{phon}} (+ \hbar k_{\mathrm{opt}}) \tag{6.10b}$$

したがって，間接遷移型半導体における電子–正孔の再結合においては，光子およびフォノンとの相互作用が同時に起こる必要があり，その発生確率はきわめて低いため，直接遷移型半導体に比べて発光効率はきわめて低くなり，発光デバイスへの応用は一般には難しい。ただし，6.5 節では間接遷移型半導体で発光機能をもたせる一例を紹介する。

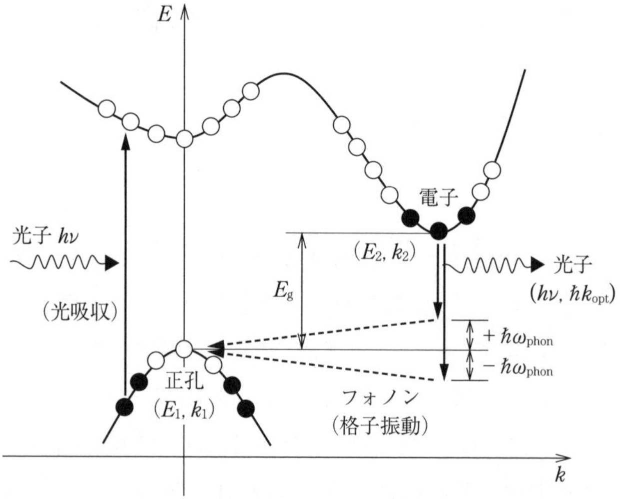

図 6.6　間接遷移型半導体のエネルギーバンド図（E-k 分散）における光吸収と発光の遷移過程

また，間接遷移型半導体の光吸収過程では，図 6.6 の左側に示すように，価電子帯の電子が伝導帯の非占有状態へ遷移する際に，運動量の大きな変化を必要としない直接的な遷移も可能であるため，受光デバイスや太陽電池へも多く応用されている。ただし，間接遷移型半導体のバンドギャップ付近のエネルギーの光吸収過程では，式 (6.10) で述べたようにフォノンとの相互作用も同時に起こらなければならない。**図 6.7** に示すように，直接遷移型半導体の光吸収係数は，バンドギャップの光エネルギー以上で急激に増大するが，間接遷移型半導体の場合は，バンドギャップ近傍の光エネルギー（$E_g \pm \hbar\omega_{phon}$）に対してはきわめて小さい値となる。

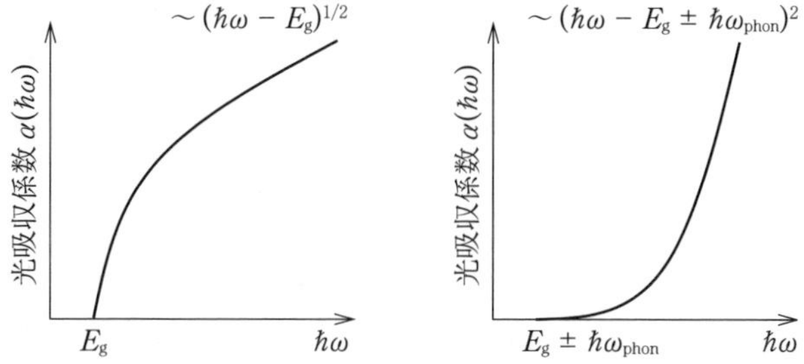

（a） 直接遷移型半導体　　（b） 間接遷移型半導体

図 6.7 光吸収係数の光エネルギー依存性

6.3 励起子の光学遷移

前節のバンド間光学遷移では，伝導帯の電子および価電子帯の正孔のキャリヤと光との相互作用であったが，**図 6.8** に示すように，半導体結晶の結合を担う電子が完全に切り離れた状態ではなく，結合状態から離れた電子とその跡に生成された正孔との間に緩く結合の残った**励起子**（exciton）と呼ばれる量子状態も存在する。この励起子の結合エネルギーは，1.2 節および 2.2 節の水素

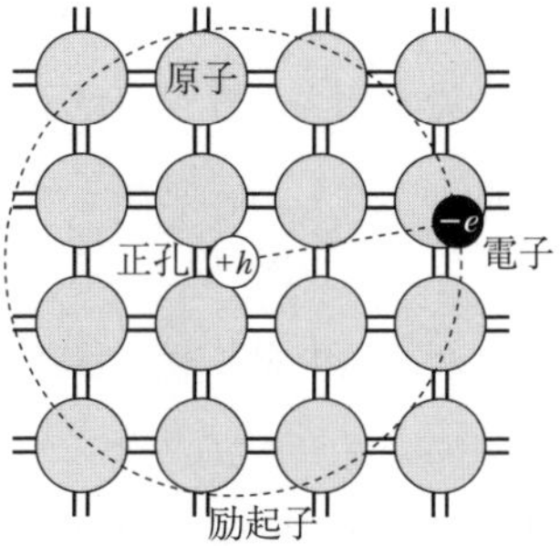

図 6.8 半導体結晶中の励起子

原子モデルで考えた半導体中のドナー不純物イオンと電子との間の結合エネルギーと同様に考えることができ，式(6.11)で表される。結合エネルギーの大きさは半導体の誘電率と励起子の有効質量で決まるが，式(6.11)中の質量 M は換算質量と呼ばれる量で，式(6.12)のように電子と正孔の有効質量の平均値（相対運動に対する質量）である。

$$E_n = \frac{Me^4}{2\hbar^2\varepsilon^2 n^2} \qquad (n = 1, 2, 3, \ldots) \tag{6.11}$$

$$M = \left(\frac{1}{m_{\mathrm{e}}^*} + \frac{1}{m_{\mathrm{h}}^*}\right)^{-1} \tag{6.12}$$

通常の半導体に見られる励起子の結合エネルギーは数 meV から数十 meV と小さく，励起子サイズは大きい。このような励起子は**ワニア励起子**（Wannier exciton）と呼ばれ，室温付近では励起子の電子–正孔対の結合は切れてしまうため，低温でないと観測は難しい。また，結合エネルギーが大きく，励起子サイズが数原子間距離程度の小さい励起子は**フレンケル励起子**（Frenkel exciton）と呼ばれ，希ガス固体やハロゲン化アルカリなどで観測される。

励起子は電子や正孔とは異なる量子であるが，励起子のエネルギー状態を半導体のエネルギーバンド構造（E–k 分散）に描くと，**図 6.9** のようになる。比較のためにドナー準位とアクセプタ準位も示した。励起子のエネルギーの基準（零）を図 6.9 の価電子帯頂上 E_{v} とすると，励起子の生成には，式(6.11)で示したエネルギー（E_n）が必要となる。よって，低温における半導体の光吸収スペクトルは，**図 6.10** に示すように，エネルギーギャップ E_{g} より励起子の結合エネルギー（E_n）程度低い光エネルギーで励起子の吸収ピークが観測される。また，図 6.9 に示すように，励起された自由キャリヤ（電子と正孔）が格子振動（フォノン）によりバンド内を緩和し，その後，励起子を生成する場合もある。

励起子の生成後は，励起子の電子–正孔対が結晶中を一緒に移動する**自由励起子**（free exciton）の状態か，または結晶中のドナーやアクセプタなどの格子欠陥の周りに捕らえられて局在化した，**束縛励起子**（bound exciton）の状態に

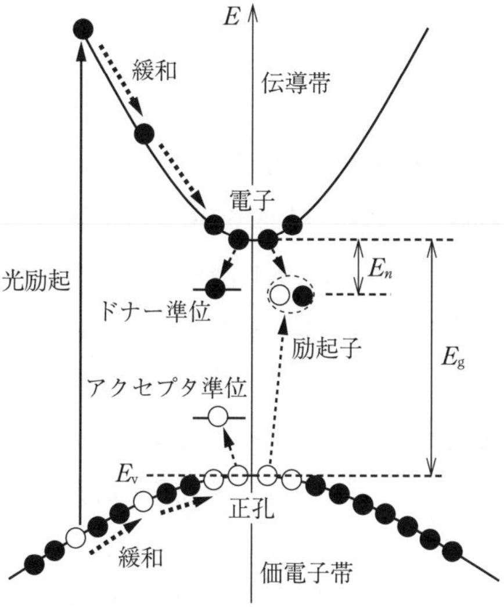

図 6.9 励起子のエネルギー状態

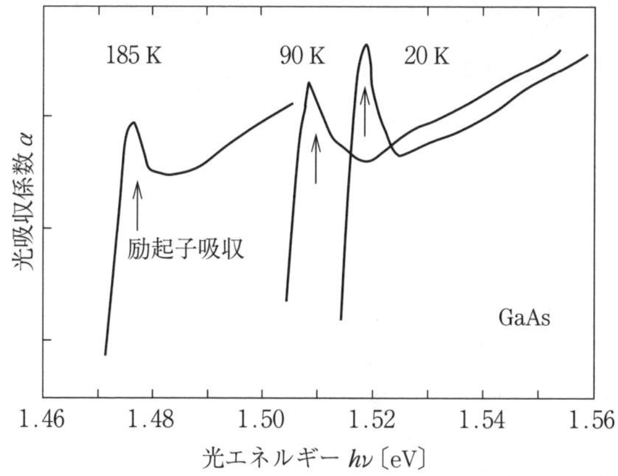

図 6.10 GaAs 半導体の光吸収スペクトルの温度依存性(例)

なる。自由励起子における電子と正孔の運動は，重心の周りの相対運動と重心の並進運動に分離することができる。電子と正孔の波数ベクトルを k_e, k_h とすると，自由励起子の波数ベクトル $\boldsymbol{K}_{ex}$ の大きさは $|\boldsymbol{K}_{ex}| = K_{ex} = |\boldsymbol{k}_e| + |\boldsymbol{k}_h|$ と表され，自由励起子の有効質量を M_{ex}^*（電子と正孔の有効質量の和 $M_{ex}^* = m_e^* + m_h^*$）とすると，自由励起子のもつエネルギー E_{FE} は式 (6.13) で表される。

ここで，E_n は式 (6.11) で示した励起子の結合エネルギーである。

$$E_{\mathrm{FE}}=E_{\mathrm{g}}-E_n+\frac{\hbar^2 K_{\mathrm{ex}}{}^2}{2M_{\mathrm{ex}}{}^*} \tag{6.13}$$

励起子の発光は，励起子を構成する電子と正孔が再結合して消滅する過程において起こる。自由励起子の再結合発光過程を**図 6.11** に示すが，この図は励起子のエネルギー E と波数 K_{ex} の分散関係を示したもので，図 6.9 の半導体の E-k 分散関係とは異なる。図 6.11 の斜線部で示した領域は励起子が電子と正孔に完全に解離した自由キャリヤの状態で，また励起子の波数 $K_{\mathrm{ex}}=0$ で，エネルギー $E=0$ の状態は，励起子が消滅した結晶の基底状態に相当する。自由励起子の再結合発光過程には二つあり，一つは励起子の波数 K_{ex} が零付近で，光子の放出のみによって運動量が保存される過程（図 6.11 (a)）と，もう一つは励起子波数が $K_{\mathrm{ex}}>0$ で，光子の放出と格子振動との相互作用（フォノン放出）も同時に起こることによって運動量が保存される過程（図 6.11 (b)）である。それぞれの自由励起子の再結合による光子放出のエネルギーは式 (6.14) で表される。

$$h\nu_{\mathrm{FE}}{}^{a}=E_{\mathrm{g}}-E_1 \tag{6.14a}$$

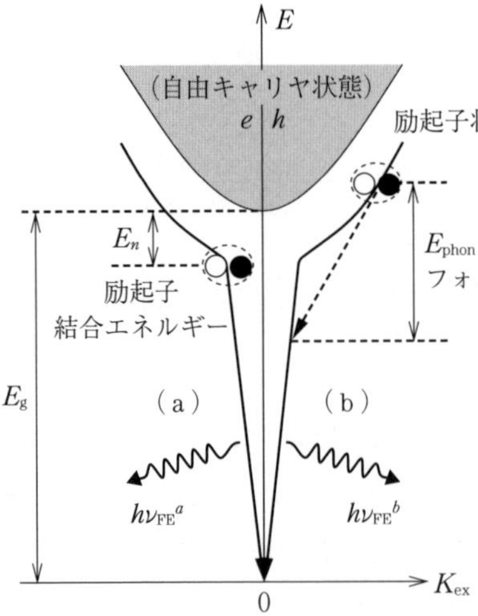

図 6.11　自由励起子の再結合発光過程（励起子のエネルギー（E）と波数（K_{ex}）の分散関係）

$$h\nu_{FE}{}^{b} = E_g - E_1 + \frac{\hbar^2 K_{ex}{}^2}{2M_{ex}{}^2} - E_{phon} \tag{6.14b}$$

ここで，E_{phon} はフォノンのエネルギーで，E_1 は式 (6.11) の E_n で $n = 1$ のときの励起子の結合エネルギーである。

つぎに，束縛励起子の再結合発光について考える。例えば，中性ドナー不純物に束縛された励起子の場合は，ドナーの結合エネルギー E_D と励起子がドナーに束縛されることによって安定化する束縛エネルギー(安定化エネルギー) E_{local} を考慮することで，束縛励起子の発光エネルギー $h\nu_{BE}$ は式 (6.15) で表される。

$$h\nu_{BE} = E_g - E_D - E_{local} \tag{6.15}$$

図 6.12 には，ZnSe 半導体の低温における自由励起子および束縛励起子の発光スペクトルの例を示す。束縛励起子は運動エネルギーをもたないので，自由励起子の発光スペクトルに比べて鋭いピークを示すことがわかる。

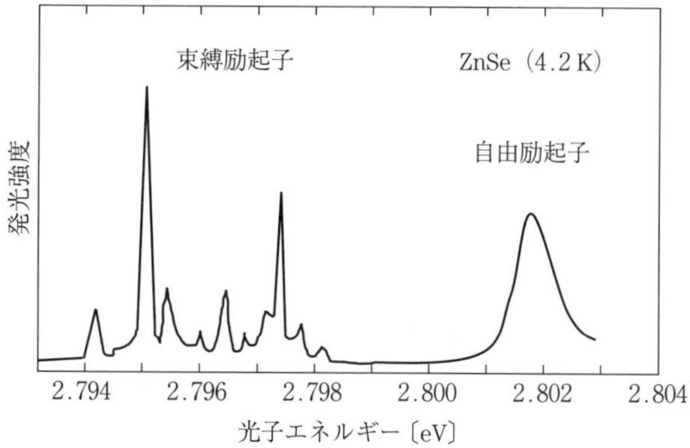

図 6.12 ZnSe の自由励起子および束縛励起子の発光スペクトル(例)

6.4 不純物準位を介した光学遷移

エネルギーギャップ内の不純物準位を介した光学遷移（光吸収過程）を，**図 6.13** にまとめて示す。通常の不純物準位は，1.2 節および 2.2 節の水素原子モ

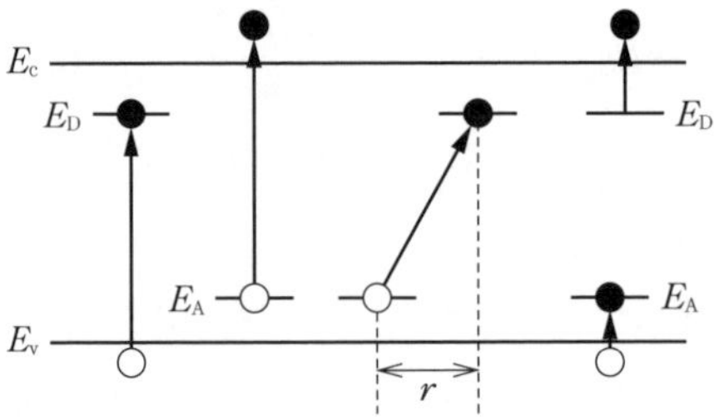

図 6.13　エネルギーギャップ内の不純物準位を介した光吸収過程

デルで考えたように，ドナー（またはアクセプタ）準位は伝導帯底（または価電子帯頂上）から数 meV～数十 meV と浅いエネルギー準位をもつ。

不純物準位を介した光学遷移には主に 2 種類あり，一つは不純物準位とバンド間の遷移で，もう一つは不純物準位間の遷移である。伝導帯底 E_c の電子または価電子帯頂上 E_v の正孔について考えると，前者の光学遷移エネルギーは，エネルギーギャップ E_g から不純物準位のイオン化エネルギー（ドナー準位 E_D またはアクセプタ準位 E_A）を引いた値（$E_g - E_D$ (or E_A)）となる。後者の不純物準位間の遷移については，ドナーとアクセプタの距離を r とすると，ドナーに捕らえられた電子とアクセプタに捕らえられた正孔の再結合による発光エネルギーは式 (6.16) で表される。右辺の第 3 項は，ドナー-アクセプタの両イオン間に働くクーロンエネルギーで，両イオン間の距離 r の平均値が比較的大きい場合は，発光スペクトルの幅が広がって観測されることがある。

$$h\nu_{DAP} = E_g - (E_D + E_A) + \frac{e^2}{4\pi\varepsilon r} \tag{6.16}$$

つぎに，不純物を介した特殊な光学遷移の例として，**等電子トラップ**（isoelectric trap）を介した発光について説明する。間接遷移型半導体の GaP に窒素（N）原子をドープすると，**図 6.14** に示すように，V 族の N 原子は同じ V 族のリン（P）原子の一部と置換する。N 原子は電気陰性度（electronegativity）が大きいため，伝導帯中の電子を N 原子近傍に捕獲し，電子を局在化させる。

通常のドナー不純物の場合，半導体の誘電率と電子の有効質量により電子のボーア半径は数 nm～数十 nm と比較的広く，イオン化エネルギーは数 meV 程度と小さい。電子の波数空間上での広がりについては，不確定性原理（$\Delta x \Delta k$

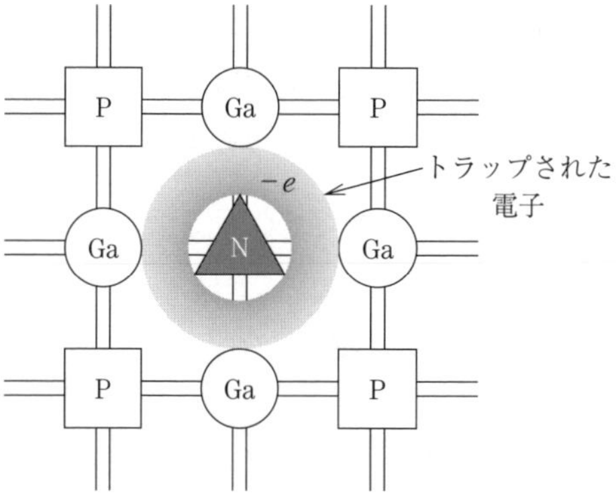

図 6.14　GaP 半導体中の N 原子にトラップされた電子

≃ 1/2）より考察すると，電子の座標空間上での広がり Δx が大きいため，波数空間上の広がり Δk は狭くなる。この不純物準位の状態については，図 6.9 の半導体のエネルギーバンド構造（E-k 分散）図に示した。一方，GaP 半導体中に N 原子をドープした場合は，前述したように伝導帯の電子が N 原子のトラップ準位に捕獲されると，その電子は局在化され（Δx が小さくなり），不確定性原理により Δk は大きくなり，**図 6.15** の E-k 分散図に示すように，k 空間上に広がることになる。また，局在化された電子の束縛エネルギーは比較的大きく，伝導帯底 E_c から深いエネルギー位置に等電子トラップの N 準位をつくることになる。

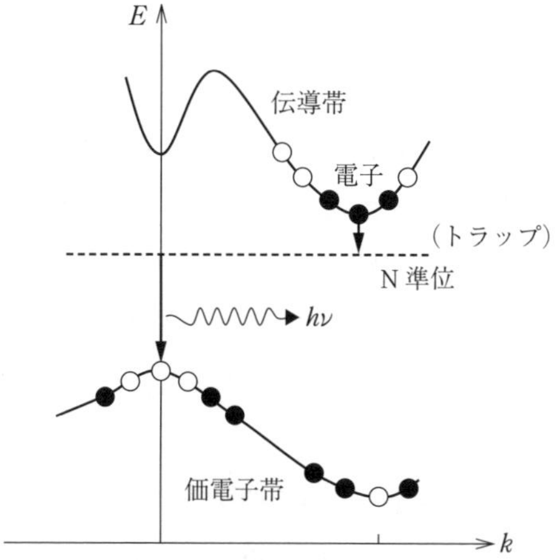

図 6.15　間接遷移型 GaP 半導体中の N 準位からの発光

したがって，伝導帯の電子がN準位にトラップされると，その電子は波数空間上に広がり，価電子帯頂上付近の正孔と直接遷移的に再結合し，発光することになる。このように間接遷移型半導体に等電子トラップを導入した橙(だいだい)色や緑色の可視発光ダイオードが実際に開発されている。

6.5 非発光性再結合

電子と正孔の再結合には，前述したように種々の発光性の再結合があるが，光子を放出しない**非発光性再結合**（non-radiative recombination）もある。非発光性再結合には，(1) マルチフォノン放出，(2) 非発光性格子欠陥，(3) **オージェ再結合**（Auger recombination）の過程がある。(1) ではキャリヤが再結合する際に発生するエネルギーが格子振動（フォノン）に吸収される過程で，(2) は結晶の表面，界面（粒界），転位（欠陥）において禁制帯内に連続的に発生するエネルギー準位を介して再結合する過程である。(3) のオージェ再結合は，電子または正孔のもつエネルギーを他の電子や正孔を励起することで消費し，発光せずに再結合する過程である。

(3) のオージェ再結合について説明する。**図6.16** (a) のエネルギーバンド構造（E-k 分散）において，伝導帯中の2個の電子が衝突してそれぞれエネルギーと運動量が保存されるように片方の電子が光子を放出することなく再結合することを，オージェ再結合という。また，図 (b) のように価電子帯の2個の正孔が衝突して価電子帯の電子を励起するオージェ効果の遷移過程もある。

オージェ再結合速度 R_{Aug} は式 (6.17) で表される。ここで，C_{Aug} は**オージェ再結合係数**で，半導体のバンド構造にあまり依存せず，10^{-30}～$10^{-31}\ \mathrm{cm^{-6}/s}$ である。オージェ再結合は，多数キャリヤ濃度が高いほど顕著になることがわかる。

$$R_{\mathrm{Aug}} = C_{\mathrm{Aug}}(n + p)(np - n_{\mathrm{i}}^{2}) \tag{6.17}$$

以上より，発光性再結合と非発光性再結合の寿命時間をそれぞれ $\tau_{\mathrm{r}}, \tau_{\mathrm{nr}}$ とすると，それぞれの確率を考えることにより，発光の**量子効率**（quantum efficiency）

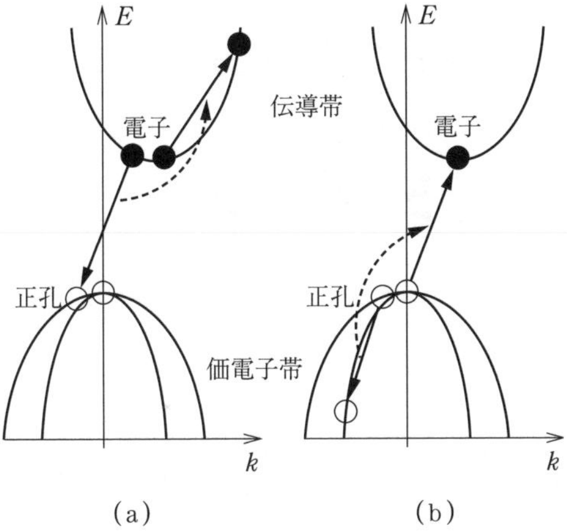

図 6.16 オージェ効果による電子の非発光性再結合過程 (a) および励起過程 (b)

η が得られ，式 (6.18) で表される。半導体結晶内部における量子効率ということで，**内部量子効率**（internal quantum efficiency）η_{int} と呼ばれている。

$$\eta = \frac{1/\tau_{\mathrm{r}}}{1/\tau_{\mathrm{r}} + 1/\tau_{\mathrm{nr}}} = \frac{\tau_{\mathrm{nr}}}{\tau_{\mathrm{r}} + \tau_{\mathrm{nr}}} \tag{6.18}$$

発光性再結合の寿命 τ_{r} は温度に依存しないが，非発光性再結合の寿命 τ_{nr} は温度に依存し，一般に温度が高くなると短くなるため，発光の内部量子効率は低下する。

7

発光デバイス

本章では，代表的な半導体の発光デバイスである発光ダイオード（7.2 節）と半導体レーザ（7.3 節）について解説する。半導体レーザでは，量子閉じ込め効果を導入した量子井戸レーザの基礎についても 7.4 節で説明する。

7.1　発光デバイスの半導体材料

発光デバイスの活性層に用いられる半導体材料としては，6.4 節で述べた等電子トラップを用いた間接遷移型半導体（GaP）を除いては，基本的には直接遷移型半導体で，発光波長はそのエネルギーギャップ E_g で決まる。これまでに広範囲の波長領域におけるさまざまな半導体発光デバイスが開発されている。付録 A.5 には各種半導体材料とエネルギーギャップ E_g の関係をまとめている。また**図 7.1** には，ディスプレーなどの可視発光デバイスの開発において

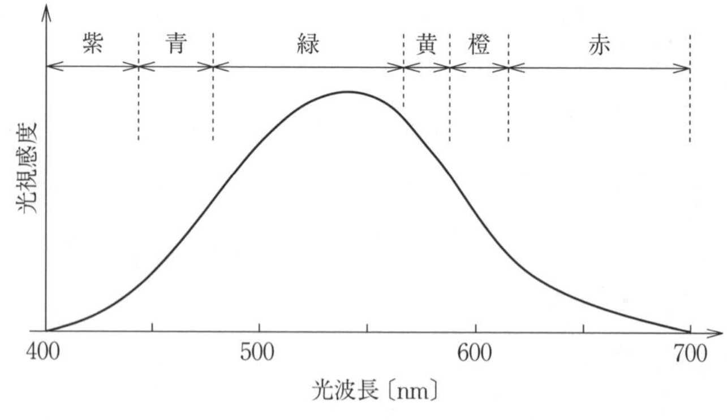

図 7.1　人間の相対視感度（例）

重要な人間の目の視感度曲線を示す。

発光デバイスの基本構造としては，活性層にキャリヤを注入するための pn 接合（5.1 節）を用い，注入されたキャリヤを閉じ込め，かつ光を閉じ込めるために，ダブルヘテロ構造（5.3 節）を導入した構造が多く用いられる。さらに発光デバイスの特性を向上させるために，活性層の中に量子井戸や超格子構造（5.4 節）を導入した構造もある。詳しくは 7.4 節で述べる。**図 7.2** には，AlGaAs/GaAs ダブルヘテロ構造の pn 接合に順バイアス電圧を印加した場合のエネルギーバンド図を示す。AlGaAs 混晶半導体は，III–V 族半導体の GaAs と AlAs の混晶で，Al 組成 x が高くなると $Al_xGa_{1-x}As$ のエネルギーギャップ E_g は大きくなり，屈折率 n は低くなる。**図 7.3** には図 7.2 の AlGaAs/GaAs ダブルヘテロ構造の屈折率分布を示す。

両側の AlGaAs 層から中央の GaAs 活性層へ，それぞれ電子と正孔が注入さ

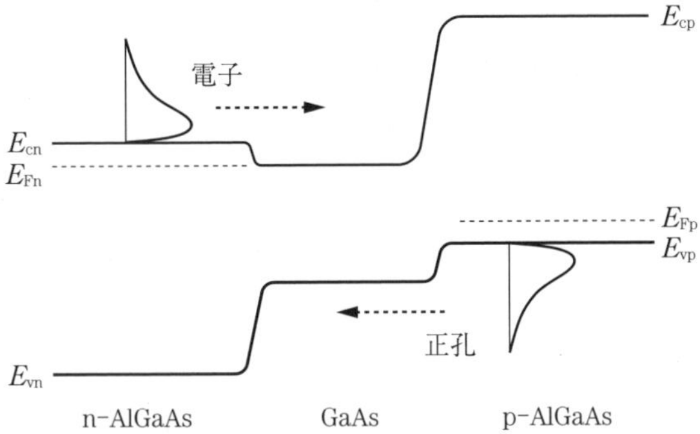

図 7.2 AlGaAs/GaAs ダブルヘテロ構造のエネルギーバンド図（順バイアス電圧印加）

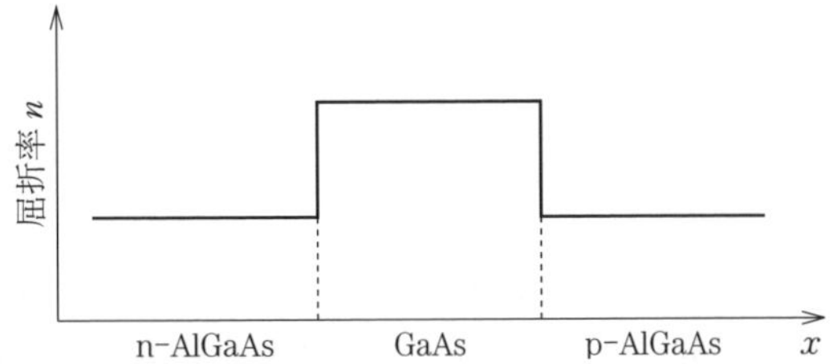

図 7.3 AlGaAs/GaAs ダブルヘテロ構造における屈折率分布

れると，キャリヤはヘテロ障壁を越えられずにGaAs活性層内に閉じ込められるため，活性層内でのキャリヤの再結合による発光効率を向上できる。これがダブルヘテロ構造におけるキャリヤの閉じ込め効果 **キャリヤの閉じ込め効果**（carrier confinement effect）である。また，図7.3の屈折率分布のように，GaAs活性層の屈折率が両側のAlGaAs層の屈折率より高いため，活性層内で発生した光がヘテロ界面で全反射を起こしやすくなり，活性層内に光が閉じ込められ，活性層内を光が導波される。このことを**光の閉じ込め効果**（light confinement effect）と呼んでいる。光ファイバと同様に屈折率の低いAlGaAs層を**クラッド層**と呼び，後述する半導体レーザにおいて重要な構造となる。

7.2　発光ダイオード（LED）

発光ダイオード（light emitting diode，**LED**）は，主に通信用とディスプレー用に分けられ，共に高い輝度が得られる構造になっている。基本的な構造としては，**図7.4**に示すような**面発光**（surface emission）**型**と**端面発光**（edge emission）**型**の2種類の構造がある。両型には，前節で述べたダブルヘテロ構造のpn接合ダイオード構造が内蔵されている。また，電流密度が高いので，発熱による温度上昇を抑えるため，LEDをヒートシンク（SiやCuなど）に接着させている。

面発光型は，厚い基板の底面を上側にして，活性層からの発光を上面部から放射させる形となっている。基板上面部を深くエッチングして円形状の溝を形成した構造(a)や基板上面部をレンズ状に加工した構造(b)などがある。いずれも光ファイバとの結合効率を高くするためや，発光パターンの空間的な広がりを抑えるための工夫がなされている。

一方，端面発光型(c)は，前節でも述べたように，ダブルヘテロ構造の活性層に閉じ込められた光が，活性層内を導波して端面部から光を放射させる構造である。端面部の形成には，基板結晶の劈(へき)開面の利用やエッチングにより削り出すなどの方法がある。端面発光型の上部電極をストライプ状に施す場合，

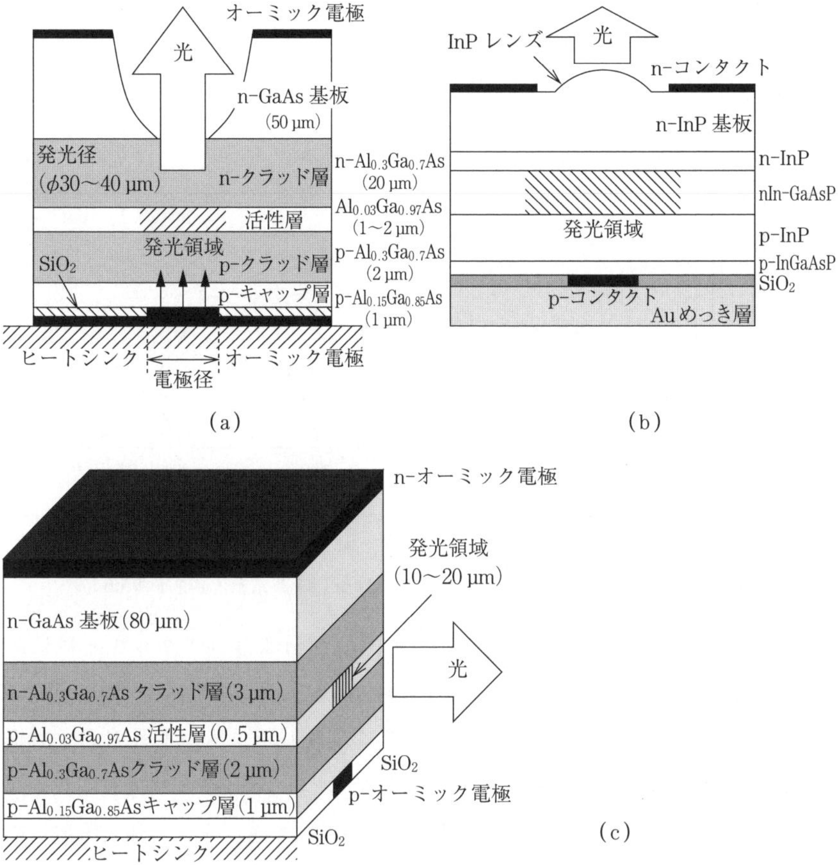

図 7.4　面発光型（a），（b）および端面発光型（c）の LED 構造

半導体レーザ構造のように両端面部が光共振器の鏡面とならないように，ストライプ電極を劈開面に対して垂直方向からずらした角度に配置することがある。

つぎに，LED の活性層からの発光特性について考える。LED は注入されたキャリヤの再結合による自然放出光を放射させるものであり，活性層内の伝導帯の電子および価電子帯の正孔のエネルギー分布は，6.2 節でも述べたように，**図 7.5**（a）に示すような状態密度分布とフェルミ・デイラック分布関数によって決まる。よって，電子と正孔の再結合のエネルギーには広がりがあるた

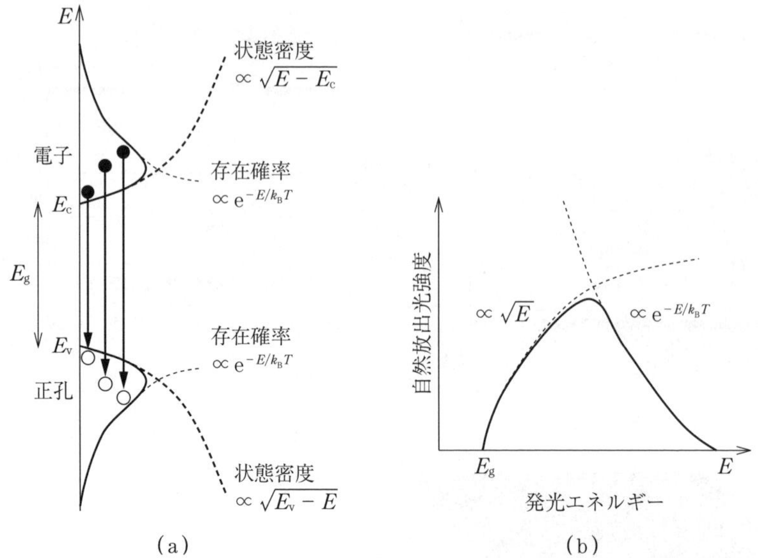

図 7.5 活性層内のキャリヤのエネルギー分布 (a) と発光スペクトル (b)

め，図 (b) のように，エネルギーギャップ E_g 付近より高エネルギー側に広がった発光スペクトルとなる。バルク半導体の場合，低エネルギー側の発光スペクトルは，状態密度のエネルギー依存性を反映したエネルギー E の平方根に比例した形を示し，高エネルギー側ではフェルミ・デイラック分布関数の高エネルギー側を支配するボルツマン関数的な形状になる。また，注入電流を増やすと，キャリヤの増加とともに高エネルギー側の分布が広がるため，発光強度は高くなり，発光スペクトルも高エネルギー側に広がる。

注入電流の増加によって活性層内の電子濃度 n と正孔濃度 p が増加し，式 (7.1) に示すように，発光強度 I はキャリヤ濃度に比例して増大する。ここで，B は再結合係数である。LED への注入電流 I と光出力 L の関係（I-L 特性）は，**図 7.6** のように線形性を示す。しかし，温度が高くなると，LED の I-L 特性の直線の傾きは小さくなり，線形性が劣化する。主な要因としては，温度上昇による再結合係数 B の低下，非発光性再結合の増加が挙げられる。主な非発光性再結合としては，6.5 節で述べたように，マルチフォノンの放出，結

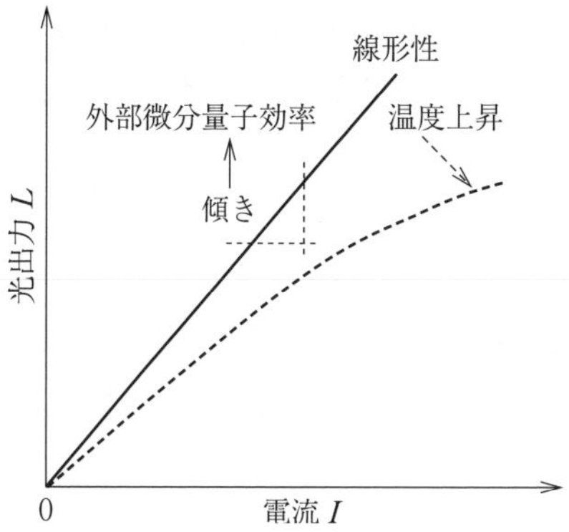

図 7.6 典型的な LED の電流-光出力（I-L）特性

晶欠陥などの深い準位を介した再結合，また高電流注入時のオージェ再結合がある。その他に，温度が高くなるとキャリヤのエネルギー分布が高くなり，ヘテロ障壁を越えてクラッド層へオーバーフローするキャリヤが増し，*I-L* 特性の傾きが低下する。

$$I = Bnp \tag{7.1}$$

I-L 特性の直線の傾きは**外部微分量子効率**（external differential quantum efficiency）η_{ext} で，式 (7.2) で表される。LED の場合は，図 7.5 (b) のように発光スペクトル幅が広いため，各発光エネルギー $h\nu$ について微小光エネルギー幅 $\Delta h\nu$ を考える。その光出力 $\Delta L(\Delta h\nu)$ を $h\nu$ で割って各発光エネルギー領域における光子数を求め，それを発光スペクトル全領域について総和を求めることで発光の総光子数が得られる。また，外部微分量子効率は，キャリヤの注入から光の取出しまでの各効率の積で表される。活性層における内部量子効率を η_{int}（式 (6.18)），活性層へのキャリヤ注入効率を η_{inj}，光取出し効率を η_{out} とすると，式 (7.3) で表される。

$$\eta_{\mathrm{ext}} = \frac{\displaystyle\sum_n \frac{\Delta L_n(\Delta h\nu)}{(h\nu)_n}}{\dfrac{\Delta I}{e}} \tag{7.2}$$

$$\eta_{\mathrm{ext}} = \eta_{\mathrm{int}}\eta_{\mathrm{inj}}\eta_{\mathrm{out}} \tag{7.3}$$

つぎに，パルス電流の注入に対する光パルスの出力特性について考える。**図**

7.7 (a) のように，時刻 $t = 0$ で電流パルスが立ち上がり，LED に電流密度 J が注入されたとすると，注入キャリヤ（電子）濃度 n の時間変化は式 (7.4) で表される。

$$\frac{\mathrm{d}n}{\mathrm{d}t} = \frac{J}{ed} - \frac{n}{\tau_\mathrm{n}} \tag{7.4}$$

ここで，d は活性層の膜厚，τ_n は発光性再結合寿命を含む時定数とする。$t = 0$ で $n = 0$ の初期条件の下で式 (7.4) を解くと，式 (7.5) が得られる。

$$n(t) = \frac{\tau_\mathrm{n} J}{ed}\left\{1 - \exp\left(-\frac{t}{\tau_\mathrm{n}}\right)\right\} \tag{7.5}$$

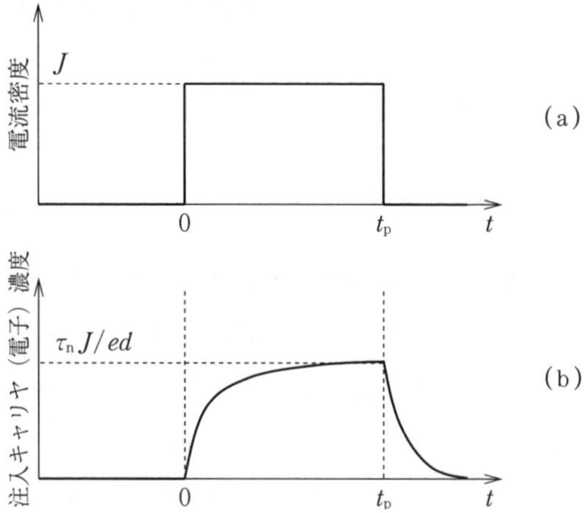

図 7.7 LED への注入電流密度 (a) および注入キャリヤ (電子) 濃度 (b) の時間変化

図 (b) に示すように，注入キャリヤ濃度 n は時定数 τ_n で増加し，$\tau_\mathrm{n} J/ed$ に近づく。時刻 $t = t_\mathrm{p}$ でパルス電流を急激に零にすると，式 (7.4) は式 (7.6) となり，$t = t_\mathrm{p}$ で $n = n(t_\mathrm{p})$ および $t = \infty$ で $n = 0$ の条件の下で式 (7.6) を解くと，式 (7.7) が得られる。

$$\frac{\mathrm{d}n}{\mathrm{d}t} = -\frac{n}{\tau_\mathrm{n}} \tag{7.6}$$

$$n(t) = n(t_\mathrm{p})\exp\left(-\frac{t}{\tau_\mathrm{n}}\right) \tag{7.7}$$

よって，図 (b) のように，$t = t_p$ 以降で注入キャリヤ濃度 n は時定数 τ_n で急激に減少する。したがって，LED に外部よりパルス電流の変調信号を入力すると，**図 7.8** のように I-L 特性の線形性より光出力としても光パルスとなるが，図 7.7 (b) のように活性層に注入されたキャリヤの過渡特性を反映して光出力のパルスも変形する。変調周波数の上限は，LED の電気回路における抵抗 R，容量 C で決まる遮断周波数 $f_c = 1/(2\pi RC)$ にも関係するが，式 (7.5) や式 (7.7) に示したように，キャリヤの寿命時間を含む時定数 τ で決まる減衰周波数 $f_d = 1/(2\pi\tau)$ が $f_d < f_c$ の場合は，応答周波数の上限は減衰周波数 f_d で決まる。高速変調にはキャリヤの寿命時間の短縮が有効であり，活性層のキャリヤ濃度が高いほど，注入電流が増すほどキャリヤは短寿命化する。

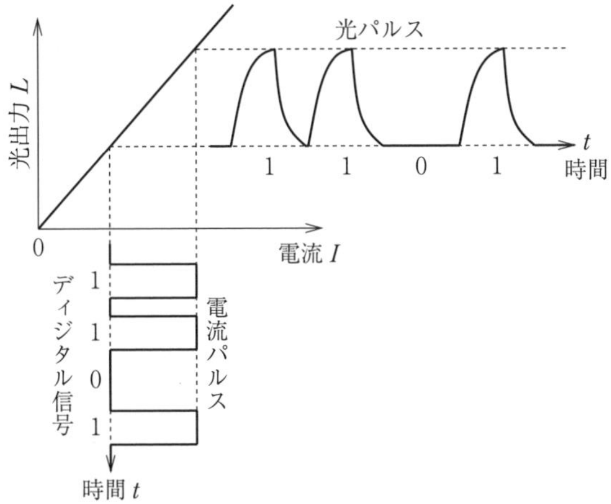

図 7.8 LED への注入電流パルス（変調信号）と光出力パルスの関係

7.3 半導体レーザ（LD）

レーザ（laser）は light amplification by stimulated emission of radiation の略語で，その名のとおり誘導放出光による光増幅のことである。その光増幅機能を微小な半導体結晶の中で実現したものが**半導体レーザ**（semiconductor laser,

LD）である。本節では，半導体レーザの基本原理，基本構造，そして基本特性について学ぶ。

7.3.1 半導体レーザの基本原理

半導体結晶の中での光増幅作用の実現には，電子回路における交流信号の増幅回路と同様に考える。**図7.9**に示すように，半導体レーザの基本的な構成回路は，光増幅と光帰還から成り，光の発振条件である位相条件と利得（振幅）条件を満たす必要がある。半導体レーザの場合，一般に**図7.10**に示すようなダブルヘテロ構造の半導体結晶で**光共振器**（optical cavity）を構成した構造が用いられる。

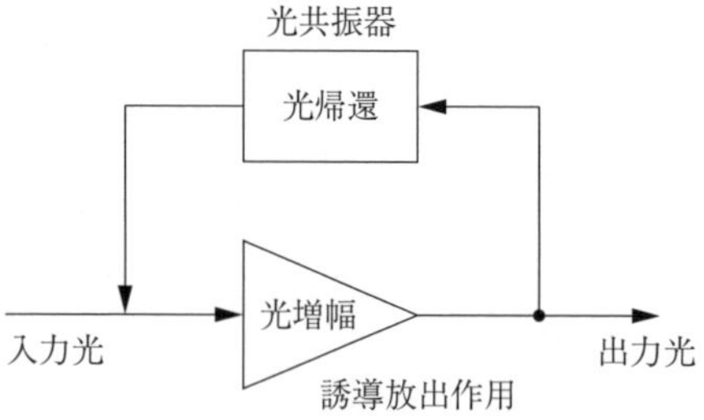

図7.9　半導体レーザの基本構成回路

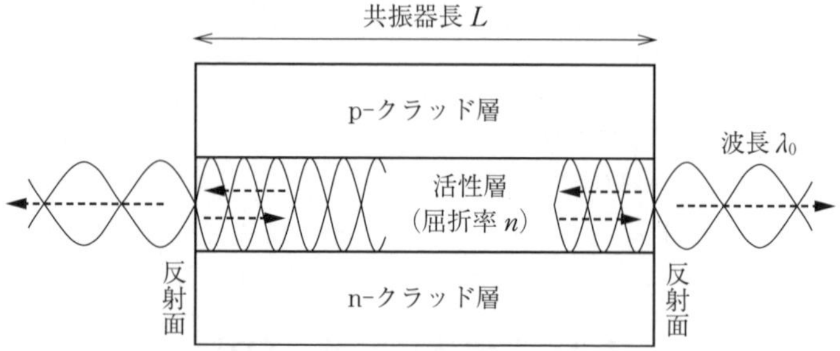

図7.10　半導体レーザのファブリ・ペロー型共振器構造

7.1節で述べたように，ダブルヘテロ構造では，エネルギーギャップの差による活性層内でのキャリヤの閉じ込め効果と，屈折率の差による活性層内での光の閉じ込め効果がある。活性層内に閉じ込められたキャリヤの再結合によって発光が起こり，その光が活性層内に閉じ込められて活性層内を伝搬していく間に誘導放出（6.1 節）によって光増幅が起こる。活性層内を導波した光は活性層端部の結晶面で一部が反射され，一部が透過する。端面で反射された光は活性層内を繰り返し伝搬するため，活性層内では光の位相のそろった強め合う波長成分が存在することになる。これが位相条件である。図 7.10 のように平行な両端面を鏡面とした光共振器を**ファブリ・ペロー型光共振器**（Fabry-Perot optical cavity）という。共振器長を L，活性層の屈折率を n，真空中の発光波長を λ_0 とすると，位相条件は式 (7.8) となる。ここで，m は位相条件を満たした定在波の次数で，**縦モード**（longitudinal mode）である。

$$2L = m\left(\frac{\lambda_0}{n}\right) \qquad (m = 1, 2, \ldots) \tag{7.8}$$

利得条件を満たす前の自然放出が支配的な状態で，位相条件を満たした発光スペクトルを**図 7.11** に示す。発光スペクトルの包絡線（点線）は，LED で述べたように伝導帯の電子と価電子帯の正孔のエネルギー分布を反映した発光スペクトルとなる。そこに式 (7.8) の位相条件を適用すると，図 7.11 のように各縦モードの波長で鋭いピークが離散的に現れる。縦モード間 Δm の波長間隔 $\Delta\lambda$ は，式 (7.8) を変形することで式 (7.9) を得ることができる。

$$\Delta\lambda = \frac{\lambda_0^{\,2}}{2Ln}\Delta m \tag{7.9}$$

例えば，GaAs 活性層（λ_0 = 940 nm，屈折率 n = 3.6）で共振器長が L = 300 μm の場合，縦モード間（Δm = 1）の波長間隔 $\Delta\lambda$ は 0.41 nm となる。

つぎに利得条件について考える。6.2 節で述べたように，伝導帯の電子エネ

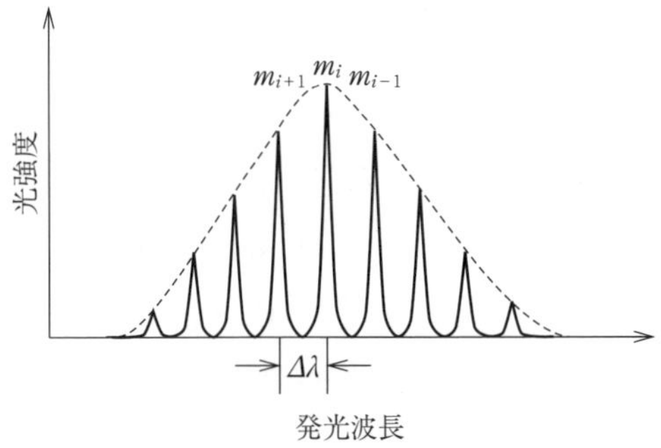

図 7.11　半導体レーザの発振前の発光スペクトル（自然放出光領域）

ルギー E_2 から価電子帯の正孔エネルギー E_1 への光学遷移について，正味の誘導放出速度 $r_{21}{}^{\mathrm{net}}$ は式 (6.8) で表された。よって光エネルギー $h\nu$（$= E_2 - E_1$）についての正味の全誘導放出速度 $r^{\mathrm{net}}(h\nu)$ は，式 (6.8) をバンド内の全エネルギーについて積分することで得られ，式 (7.10) で表される。ここで，$\delta(h\nu)$ は $h\nu = E_2 - E_1$ についての δ 関数である。

$$r^{\mathrm{net}}(h\nu) = \int_{E_\mathrm{C}}^{\infty}\int_{-\infty}^{E_\mathrm{V}} r_{21}{}^{\mathrm{net}}\delta(h\nu)\mathrm{d}E_1\mathrm{d}E_2 \tag{7.10}$$

したがって，光エネルギー $h\nu$ の誘導放出による**光利得係数**（optical gain coefficient）$g(h\nu)$ は，光子密度 $n_{\mathrm{ph}}(h\nu)$ が光速度 v_{ph} で活性層を伝搬する間の単位長さ当りの誘導放出の発生数であり，式 (7.11) で表される。

$$g(h\nu) = \frac{r^{\mathrm{net}}(h\nu)}{n_{\mathrm{ph}}(h\nu)v_{\mathrm{ph}}} \tag{7.11}$$

光学利得係数 g の媒質（活性層）中を光が距離 x 進むと，光強度 $I(x)$ は距離 x に対して指数関数的に増加し，一方，活性層内での光の減衰係数を α とすると，光が距離 x 進むと光強度 $I(x)$ は指数関数的に減衰する。よって，光強度 $I(x)$ と進行距離 x との関係は式 (7.12) となる。

$$I(x) \approx \exp\{(g - \alpha)x\} \tag{7.12}$$

図 7.12 に示すように，活性層内で初期の光強度 I_0 の光波が共振器長 L の活性層内を進行すると式 (7.12) で増幅され，端面では反射率 R_1 および R_2 で折

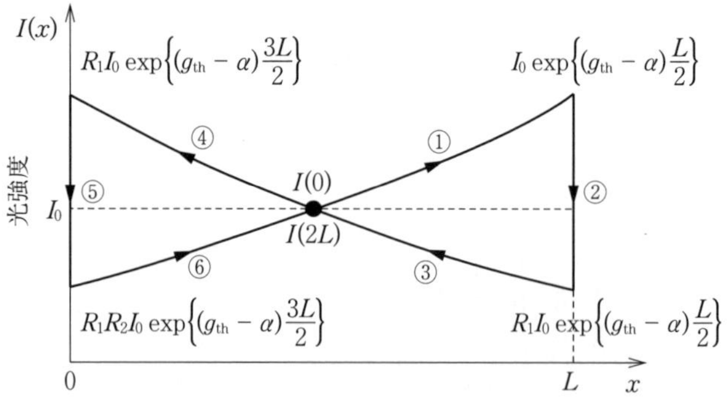

図 7.12　光波が共振器内を一往復する過程における光強度の変化（共振の利得条件）

り返される。したがって，光が共振器内を１往復（$x = 2L$）した光強度が $I(2L) = I_0$ となる条件が利得条件となり，光の振幅が減衰せずに発振を維持する条件である。そのときの利得係数を**しきい利得**（threshold gain）g_{th} という。以上より，しきい利得 g_{th} は式 (7.13) から求められ，式 (7.14) となる。

$$I_0 = I(2L) = I_0 R_1 R_2 \exp\{(g_{th} - \alpha)2L\} \tag{7.13}$$

$$g_{th} = \alpha + \frac{1}{2L}\ln\frac{1}{R_1 R_2} \tag{7.14}$$

しきい利得は，利得と損失が等しいときの利得であり，式 (7.14) の右辺の第１項は内部損失（internal loss），第２項は共振器損失（cavity loss）である。共振器長を長くし，反射率を高めることで共振器損失を減少できるが，共振器長が長くなると内部損失も増大しやすいため，結晶品質の高い内部損失の低い活性層でなければならない。

レーザ発振のためには，上述したように位相条件と利得条件を満たす必要がある。活性層内の利得がしきい利得に達するには，順バイアス電圧の印加によるキャリヤの注入量を増す必要がある。注入電流の増加による利得スペクトルの増大の様子を**図 7.13** に示す。低注入電流では利得係数が負の光吸収が支配的であるが，電流の増大とともにキャリヤのエネルギー分布も高エネルギー化し，利得スペクトルも高エネルギー側にシフトしながら増大していく。しきい利得 g_{th} に達し，かつその光エネルギーの光波が位相条件を満たした縦モード

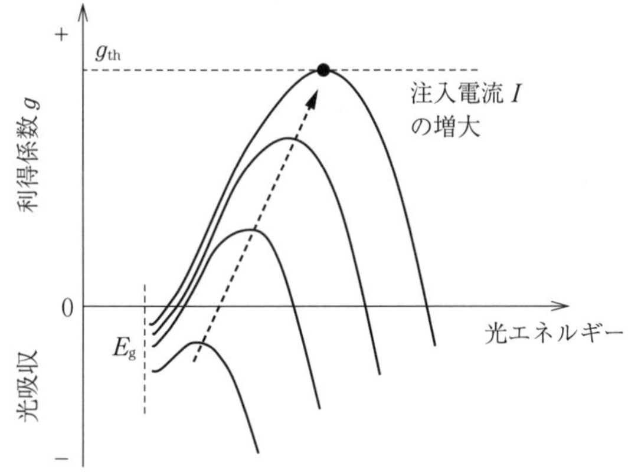

図 7.13 利得係数スペクトルの注入電流による変化

であれば，その縦モードでレーザ発振が起こる。

7.3.2　半導体レーザの基本特性

半導体レーザの典型的な電流–光出力（I–L）特性を**図 7.14** に示す。順方向バイアスでの注入電流を増していくと，自然放出光が支配的で，光出力は電流とともに比例して増加する。さらに電流を増していくと，図 7.13 でも説明したように，利得係数が増してしきい利得に達するとレーザ発振が起こり，光出力は急激に増大する。このしきい利得に達したときの電流をレーザ発振の**しきい電流**（threshold current）I_{th} と呼ぶ。このように半導体レーザの I–L 特性は，しきい電流で光出力が急増して折れ曲がった特性を示すのが特徴的である。

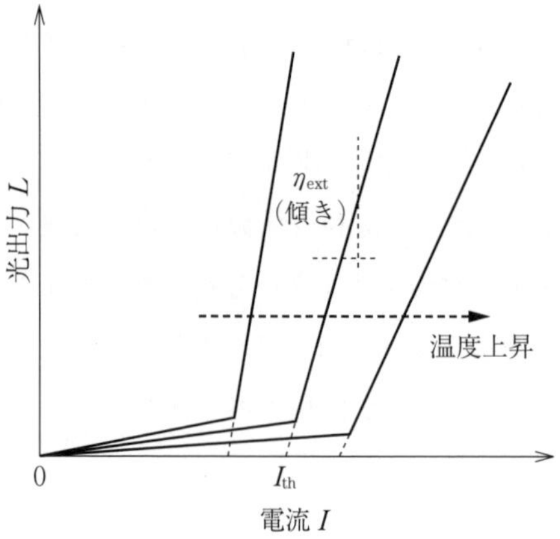

図 7.14　半導体レーザの電流–光出力（I–L）特性（温度依存性）

電流が $I > I_{th}$ における I–L 特性の傾きは外部微分量子効率 η_{ext} で，LED の式 (7.2) と同様に式 (7.15) で表される。レーザ発振した縦モードの光エネルギー $h\nu$ の光出力を考えるため，式 (7.15) のようにシンプルな形になる。また，外部微分量子効率 η_{ext} は，式 (6.18) の内部量子効率 η_{int} と式 (7.14) で示したレーザの損失（つまり，しきい利得 g_{th}）より，式 (7.16) のように表される。

$$\eta_{\mathrm{ext}} = \frac{\Delta L/(h\nu)}{\Delta I/e} \tag{7.15}$$

$$\eta_{\mathrm{ext}} = \eta_{\mathrm{int}} \frac{\dfrac{1}{2L}\ln\dfrac{1}{R_1R_2}}{\alpha + \dfrac{1}{2L}\ln\dfrac{1}{R_1R_2}} \tag{7.16}$$

半導体レーザの温度が上昇すると，図 7.14 のようにしきい電流 I_{th} は増大し，外部微分量子効率 η_{ext} も低下する。この温度依存性の主な要因は，LED でも述べたように，温度上昇による再結合係数の低下，非発光性再結合の増加，そしてキャリヤのクラッド層へのオーバーフローなどが挙げられる。このしきい電流 I_{th} の温度依存性は，経験的に式 (7.17) で表され，温度上昇とともに指数関数的に増大する。式中の T_0 を**特性温度**（characteristic temperature）と呼び，T_0 が高いほど温度安定性の高い半導体レーザであることを意味する。

$$I_{\mathrm{th}}(T) = I_{\mathrm{th}}(0)\exp\left(\frac{T}{T_0}\right) \tag{7.17}$$

つぎに，半導体レーザの注入電流に対する発光スペクトルを**図 7.15** に示す。注入電流が $I < I_{\mathrm{th}}$，図 (a) のときのレーザ発振前の発光スペクトルは，図 7.11 に示したように，キャリヤのエネルギー分布を反映した発光スペクトルの包絡線上に，位相条件を満たした各縦モードのピークが離散的に現れる。注入電流を増してしきい電流に達する（$I = I_{\mathrm{th}}$，図 (b)）と，しきい利得を満たした縦モードでの発振が起こり，周囲の縦モードの発光に比べて急激に増大する。さらに注入電流を増すと（$I > I_{\mathrm{th}}$，図 (c)），注入されたキャリヤは発振した縦モードの誘導放出に寄与するため，そのピーク強度のみが増大し，発振した縦モードの発光強度は周囲の縦モードの発光強度に比べて十分高くなる。

また，発振した縦モードの両隣のモードのピーク強度が低下する現象が観測される場合がある。これは発振条件を満たした縦モードの光エネルギーで誘導放出が促進されるため，そのエネルギーで再結合するエネルギー分布のキャリヤが減り，そのエネルギー分布の減り（穴）を補うように発振エネルギーの低エネルギー側および高エネルギー側のキャリヤが供給されるため，両隣の縦

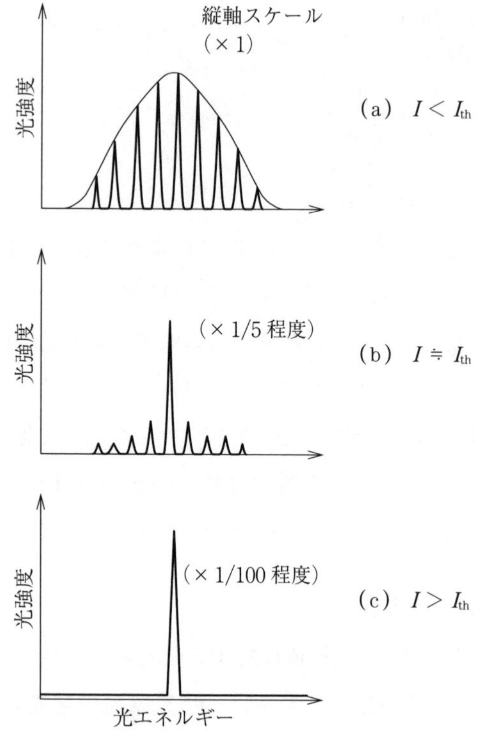

図 7.15　半導体レーザの発光スペクトルの電流依存症

モードの発光強度が低下する現象である。これを**スペクトルホールバーニング**（spectral hole burning）と呼ぶ。また，半導体レーザの活性層内で誘導放出によってキャリヤ濃度が空間的に減少した領域ができる場合もあり，これを**空間的ホールバーニング**（spatial hole burning）と呼ぶ。

つぎに，発振スペクトルの温度依存性について考える。**図 7.16** に発振波長の温度変化の様子を示す。温度が高くなると，半導体のエネルギーギャップが狭くなり，また発光エネルギーの低下（長波長化）が起こり，かつ半導体結晶の屈折率 n が増加するため，式 (7.8) の位相条件を満足する縦モード m_j での発振波長（λ_0/n）が連続的に長波長化する。その長波長化が隣の縦モード m_{j+1} との中間付近より長くなると，隣の縦モード m_{j+1} へ**モードホッピング**（mode hopping）を起こす。さらに温度が上昇すると，m_{j+1} モードの発振を維持した

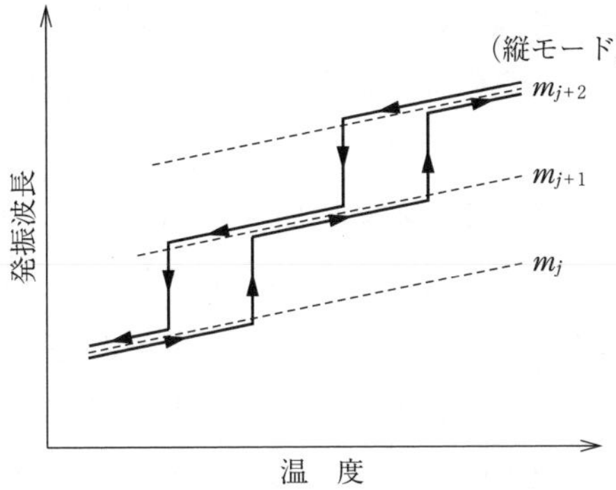

図 7.16 半導体レーザの発振波長の温度依存症

まま連続的に長波長化し，さらに隣の m_{j+2} モードへホッピングする。その状態から逆に温度を低下させると，m_{j+2} モードでの発振を維持するようにキャリヤのエネルギー分布が変化するため，温度上昇時のモードホッピングが起きた波長よりも短波長側で m_{j+1} モードへのホッピングが起こり，ヒステリシス特性が観測される。

これまでは共振器の長さ方向の定在波である縦モードについて考えてきたが，**図 7.17** に示すように，活性層の発光領域から共振器の反射面上に立つ**横モード**（transverse mode）も存在する。活性層の厚み方向の電界分布に着目する**垂直横モード**と，これに直交した方向の電界分布に着目した**水平横モード**である。活性層の厚さは通常 1 µm 以下と薄いので，垂直横モードは最低次数の基本モードのみが発振する。これに対して活性層の発光領域の反射面上における水平方向のサイズは活性層の厚みに比べると大きく，基本モードのみが立

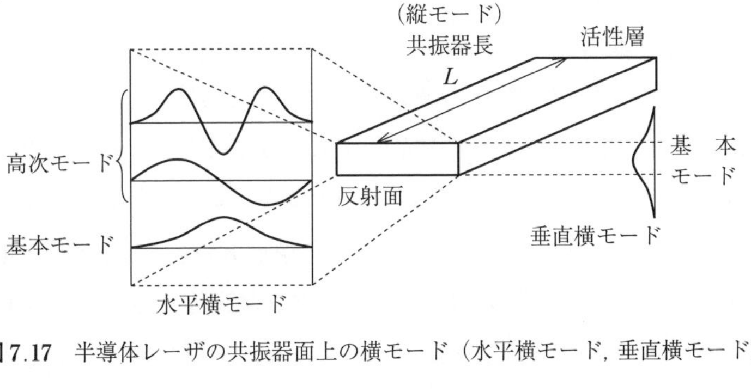

図 7.17 半導体レーザの共振器面上の横モード（水平横モード，垂直横モード）

つとはかぎらず，高次のモードを含めて複数の水平横モードが同時に発振することがある。横モードを基本モードのみの単一モードにするには，活性層領域の幅を狭くする必要がある。

半導体レーザの変調特性について考える。変調方式には，直接変調方式と外部変調方式があり，後者については10章で述べる。直接変調方式は，LEDでも述べたように，半導体レーザへの注入電流の変調信号により直接光強度を変化させる方式である。半導体レーザでは，しきい利得となるしきいキャリヤ濃度 n_{th} に達しなければレーザ発振は起こらないため，レーザ光の発生には遅れ時間 t_{d} が生じる。いったんレーザ発振が起これば，共振器長が短いためにきわめて短い時間で光子密度は定常値に達し，速い応答速度が得られるが，注入キャリヤ濃度の変化に対してレーザ光の変化に遅れが生じる。この位相ずれが原因で，緩和振動や共振状の変調特性が現れる。

図7.18には，パルス電流注入(a)における注入キャリヤ濃度(b)と光子密度(c)の時間変化を示す。ここで，パルス幅はキャリヤの寿命時間 τ より十分長いものとする。

しきい電流 I_{th} 以下のバイアス電流 I_{b} の下で，$t = 0$ で立ち上がるパルス電流 I_{p}（$> I_{\mathrm{th}}$）が注入されると，バイアス状態のキャリヤ濃度 n_{b} から時定数 τ で増加し，遅れ時間 t_{d} 後にしきいキャリヤ濃度 n_{th} に達すると初めてレーザ光を発する。このとき，共振器から光子が失われるまでの寿命時間 τ_{ph} は，キャリヤの寿命時間 τ に比べて約1/1 000程度で，光子密度 n_{ph} の増加はキャリヤ濃度の増加よりも約1 000倍速く立ち上がる。注入キャリヤ濃度がしきい濃度 n_{th} を越えると，誘導放出によってキャリヤ濃度 n は減少するが，まだ $n > n_{\mathrm{th}}$ の状態であれば光子密度 n_{ph} は増加しつづけ，定常値 n_{ph0} を越えてしまう。この増大した n_{ph} によってキャリヤ濃度 n はさらに減少し，n_{th} まで低下する。このときしきい利得以下になるため，n_{ph} は減少し始めるが，$n < n_{\mathrm{th}}$ になると誘導放出速度が低下するため再びキャリヤ濃度 n は増加し，n_{th} に達して上述の現象を繰り返す。図7.18のように何回か振動を繰り返して定常値に安定する。この現象は**緩和振動**（relaxation oscillation）と呼ばれている。

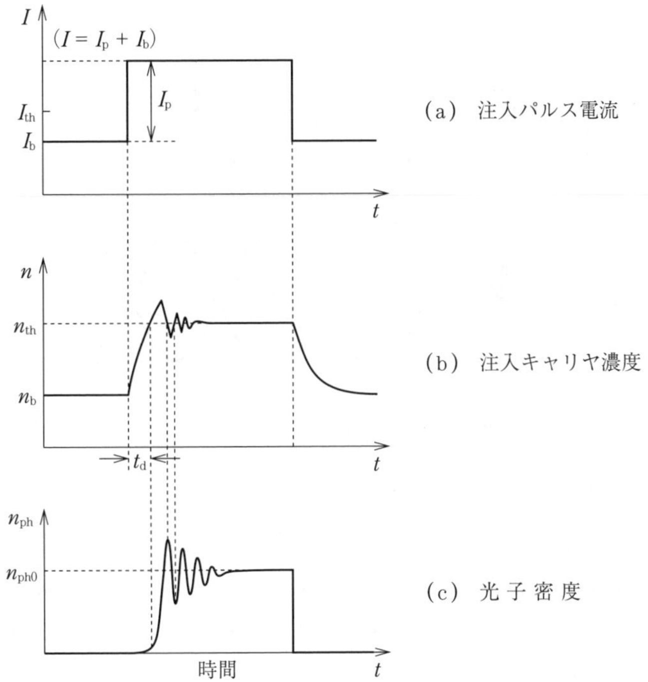

図 7.18 半導体レーザへのパルス電流注入 (a) における注入キャリヤ濃度 (b) と光子密度 (c) の時間変化

したがって，半導体レーザへ変調信号の電流パルスを注入すると，各光出力パルスの立上りに緩和振動が起こる。変調周波数が高過ぎると，注入キャリヤ濃度の残存によって各パルスに対するレーザ発振の遅れ時間 t_d が異なってしまい，注入キャリヤの変調に対する出力信号の光パルスが十分に追随できず，変調周波数が制限される。レーザ発振の遅れ時間 t_d が一定の場合は，出力光パルスをある基準時間を基に重ね合わせると，**図 7.19** に示すように，パルスの立上り時にアイ（眼）が開いたような波形が観測される。これを**アイ・パターン**（eye pattern）と呼び，出力信号が識別されていることを意味する。レーザ光の遅れ時間 t_d が異なると，眼がつぶれたように観測されるため，アイパターンの観測は変調信号の識別の評価に用いられる。

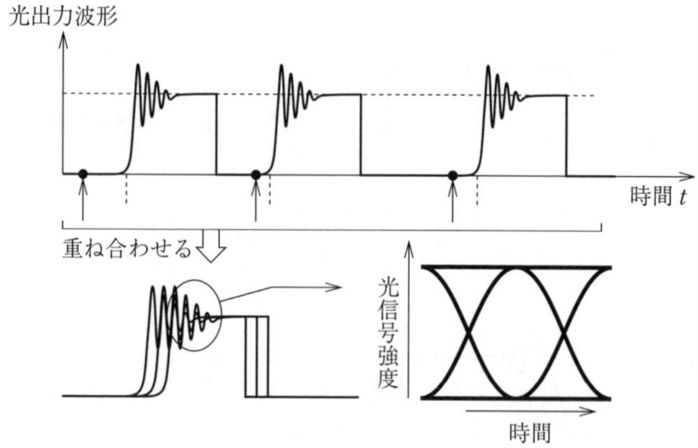

図 7.19　過渡応答特性（アイパターン）

正弦波の変調信号を入力したときの光出力の典型的な変調周波数特性を，**図 7.20** に示す。1 GHz 付近に変調度の共振的なピークを示す。このピークが現れる周波数は**緩和振動周波数**（relaxation oscillation frequency）と呼ばれ，上述した緩和振動により高速なパルス電流を注入したとき，光出力パルスの立上りに過渡的な減衰振動として現われる共振現象である。それ以上の周波数では光子密度の変化は追随できなくなり，変調度は急激に低下する。

また，半導体レーザの高速変調時における瞬間的なキャリヤの変動により，

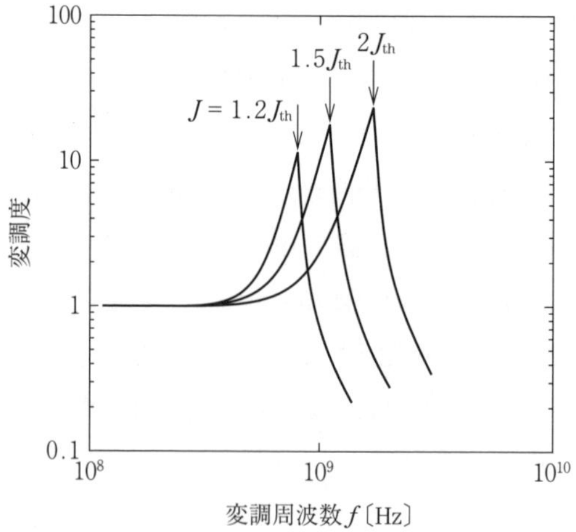

図 7.20　変調周波数特性（例）

活性層の屈折率が変動することで光の波長が変動する現象が起こる。この現象は**チャーピング**（chirping）と呼ばれ，伝送速度が制限される要因の一つとなる。

7.3.3 半導体レーザの構造

7.2節の発光ダイオードでも述べたように，端面発光型と面発光型に分けられる。端面発光型の基本的な構造として，**図7.21**に示すように，幅の狭い共振器長に沿ったストライプ状の電極を上面側に施したストライプ電極型レーザがある。このようなストライプ電極型レーザで，図7.17で述べた水平横モードを制御する構造として，**図7.22**に示す**利得導波路型レーザ**(a)と**屈折率導波路型レーザ**(b)がある。

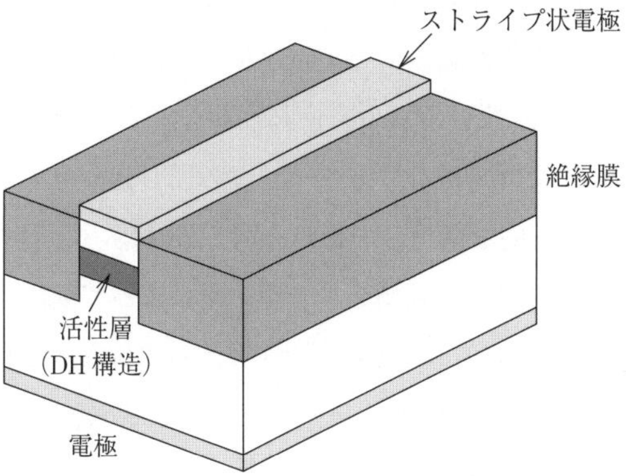

図7.21 ストライプ電極型レーザの構造

利得導波路型(a)では，ストライプ電極の下の活性層へ流す電流の領域を制限するもので，キャリヤ密度が最も高くなり，利得係数も同様に最も高くなるため，その領域でレーザ発振が起こる。キャリヤ密度の高い領域は自由キャリヤのプラズマ効果によって屈折率が減少し，光が活性層から外側へ放射される反導波作用を起こすことになるが，一方では，ストライプ中央部では誘導放出が活発なためキャリヤの消滅も激しくなり，空間的ホールバーニングと呼ばれるキャリヤ密度が周辺部に比べて低くなる効果により，導波作用となることもある。さらに，ストライプ中央部での電流制限による温度上昇が屈折率を増

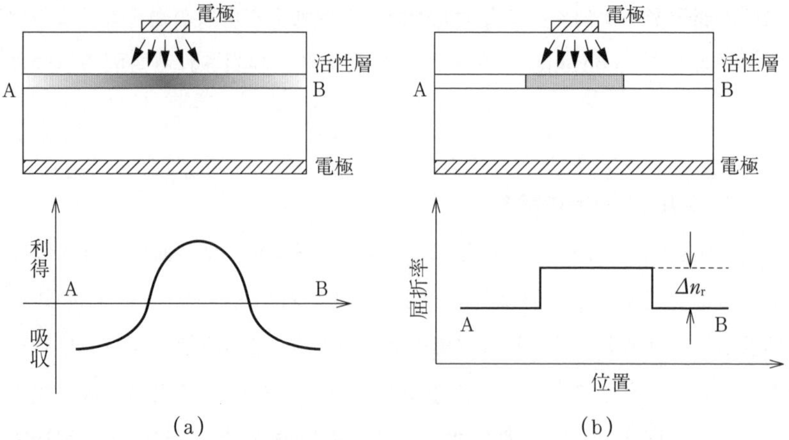

図 7.22　利得導波路型レーザ (a) と屈折率導波路型レーザ (b)

大させるため，ストライプ中央部への光の横方向閉じ込め効果（導波作用）を生じることになる。以上の三つの効果が絡み合って水平横モードが決まる。

また，屈折率導波型 (b) では，活性層の水平方向に屈折率の分布をもたせた光導波路構造で，光の閉じ込めだけではなく，キャリヤの閉じ込めも実現した構造が開発されている。その基本的な構造の 2 種類を**図 7.23** に示す。図 (a) はリッジ導波路構造で，ストライプ電極の両側をエッチングによって削除することで電流狭窄（きょうさく）構造とし，かつ水平方向には空気と活性層との屈折率差を利用した導波路構造となっている。図 (b) は埋込み構造で，リッジ導波路構造の

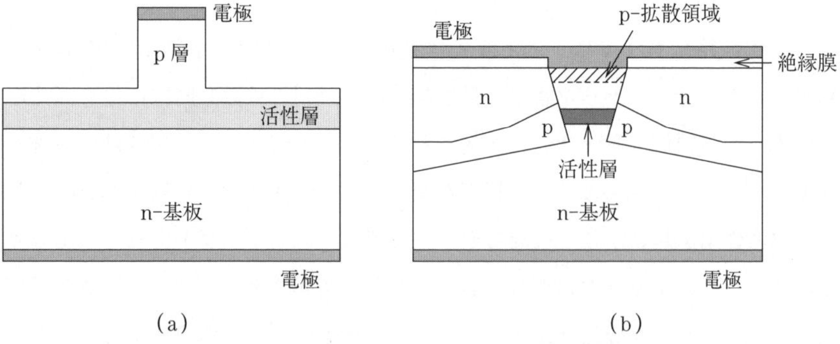

図 7.23　リッジ導波路型レーザ (a) と埋込み導波路型レーザ (b)

ようにストライプ電極の両側をエッチングした後，クラッド層と同じ材料のp層とn層の再成長によって活性層を埋め込んだものである。水平方向に屈折率差を導入した導波路構造となり，かつ順バイアスによって活性層へ電流注入するときは，両側の層では逆バイアス状態となって電流狭窄となる構造である。

つぎに，安定した単一縦モードを実現する**分布帰還型**（distributed feedback, **DFB**）**レーザ**について説明する。DFBレーザは，**図7.24**(a)のように共振器長に沿った導波路内に回折格子を形成した構造で，回折格子が形成された層とその上層とでは半導体材料が異なるため，導波路に沿った方向では回折格子の周期に対応した屈折率の異なる周期構造が形成されていることになる。よって，図(b)に示すように，それぞれの凸部で反射された光波の位相がそろった回折条件を満たす必要がある。このとき，共振器長に沿った光の伝搬を考えて $\theta = \pi/2$ とすると回折条件は式(7.18)で与えられる。したがって，式(7.8)の縦モードの条件と回折格子での回折条件(7.18)の両方を満たす波長の光が選択されることになり，隣の縦モードとの波長間隔が十分広くなる。その結果，温度によるモードホッピングや多モードでの発振が抑えられ，単一モードのレーザ発振を実現することができる。

$$a = m\frac{\lambda_0}{2n} \qquad (m = 1, 2, 3, \ldots) \tag{7.18}$$

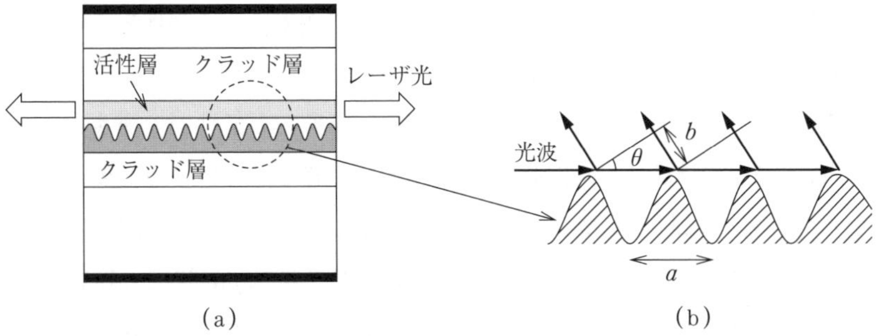

図7.24　分布帰還型（DFB）レーザ(a)と回折格子構造による位相整合(b)

DFB レーザは回折格子が活性層の導波路内に存在しているが，**図 7.25** のように回折格子が活性層の利得領域の外に存在するものを**分布反射型**（distributed Bragg reflector，**DBR**）**レーザ**と呼ぶ。DBR レーザも，DFB レーザと同様の原理により単一モード発振を目的としたレーザである。

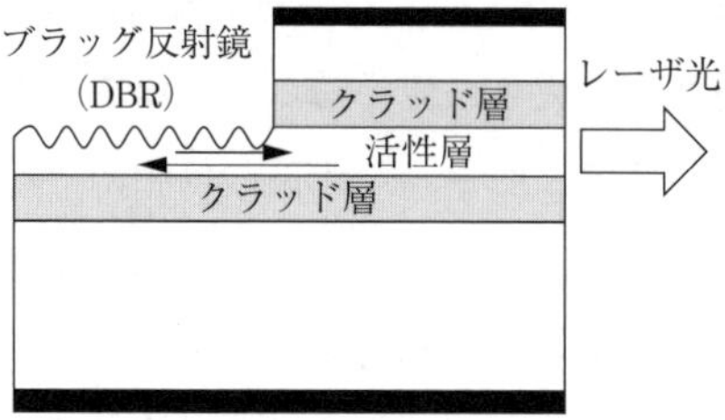

図 7.25　分布反射型（DBR）レーザ

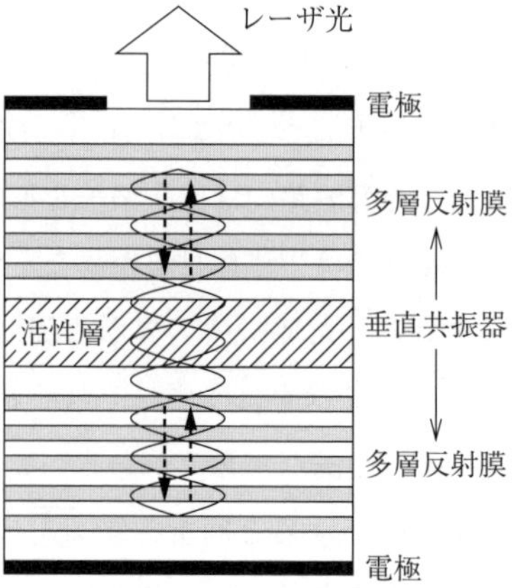

図 7.26　面発光レーザ（VCSEL）構造

つぎに，**面発光レーザ**（surface emitting laser）について述べる。面発光レーザは，基板面に垂直な方向に光放出する半導体レーザで，垂直共振器型が一般的である。この面発光レーザは **VCSEL**（vertical cavity surface emitting laser）とも呼ばれている。通常の端面発光型レーザのように基板面に平行な方向に沿って光発振させ，その光を基板面に垂直方向に出射できる機構を付けた導波路型もあるが，ここでは VCSEL について述べる。

図 7.26 に，VCSEL の基本的な構造を示す。成長した活性層の厚さ方向に光を伝搬させて誘導放出により利得を得るため，活性層は厚くする必要がある。しかし，通常の端面発光型レーザの利得長である共振器長 L は数百 μm であるのに対し，VCSEL の利得長である活性層の厚さは数 μm 程度と短い。よって，しきい利得 g_{th} の式 (7.14) の第 2 項である共振器損失 $\{1/(2L)\}\ln\{1/(R_1R_2)\}$ が大きくならないよう，垂直共振器の反射率 R_1, R_2 を高くする必要がある。そ

こで，活性層を挟んだ上下層にそれぞれ屈折率の異なる層を交互に積層した多層反射膜を形成した構造を用いる。この多層反射膜はブラッグ反射鏡であり，DBR と呼ぶことも多い。DBR には屈折率の異なる誘電体多層膜や半導体多層膜が用いられ，99.5％程度の高い反射率が得られる。

VCSEL は共振器長が数 μm 程度と短いため，縦モードの間隔が広がり，単一縦モード発振を実現しやすい特徴がある。また，素子サイズも数十 μm 程度と小さいため，低しきい値動作も期待され，さらに VCSEL を高密度に 2 次元アレー化するなどの集積化も可能であることから，並列光情報処理デバイスなどへの応用も期待される。

7.4 量子井戸（QW）レーザ

5.4 節の量子井戸構造を活性層に導入した半導体レーザを**量子井戸レーザ**（quantum well laser）と呼び，量子閉じ込め効果によって半導体レーザの特性を向上させたものである。**図 7.27** に量子井戸レーザの活性層の基本的なエネルギーバンド構造を示す。図 (a) は**単一量子井戸**（single quantum well, **SQW**）**レーザ**で，活性層の厚さ d が狭い量子井戸幅 L になると，光は十分に閉じ込められずに漏れてしまう。図 (b) ～図 (e) では活性層内での光閉じ込め係数 Γ（d の 2 乗に比例）を高めるため，活性層の厚さをダブルヘテロレーザと同等の活性層厚にしたものである。図 (b) と図 (c) は**多重量子井戸**（multi quantum well, **MQW**）**レーザ**で，図 (c) はキャリヤの閉じ込め効果を高めた構造で，**変形 MQW レーザ**と呼ぶ。図 (d) と図 (e) は SQW レーザであるが，光とキャリヤの閉じ込め効果を高めた構造で，図 (d) は**分離閉じ込め形**（separate confinement heterostructure, **SCH**）**SQW レーザ**，図 (e) は **GRIN**（graded index）-**SCH SQW レーザ**である。GRIN-SCH SQW レーザでは，屈折率分布を放物線形となるように形成したもので，この場合の光閉じ込め係数 Γ は d に比例するので，活性層厚が薄くても Γ を大きくできるため，しきい電流密度の増大を抑制できる。

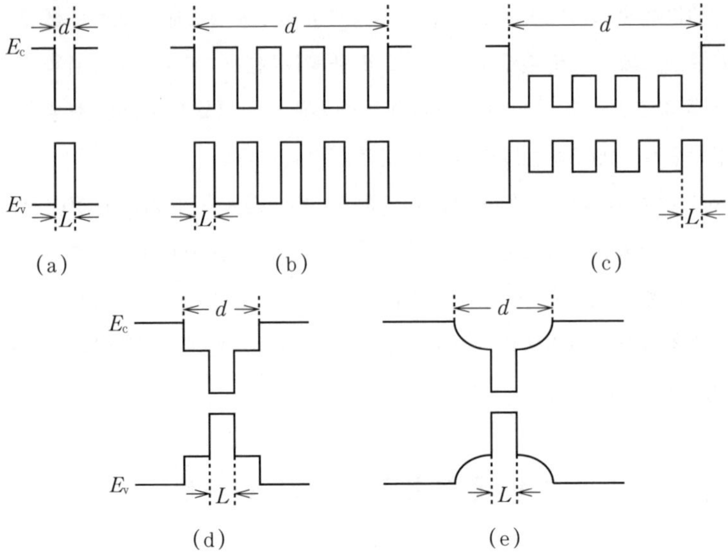

図 7.27　単一量子井戸（SQW）(a)，多重量子井戸（MQW）(b)，変形 MQW (c)，分離閉じ込め形(SCH) SQW (d)，傾斜組成(GRIN)-SCH SQW (e)

量子井戸レーザの特徴は，5.4.2 項および 5.4.3 項で示したように，量子井戸構造ではキャリヤのエネルギーが離散化（量子化）され，キャリヤの状態密度がエネルギーに対して階段関数型になることが大きく関係している。**図 7.28** に量子井戸構造の伝導帯における状態密度 (a) と電子濃度 (b) のエネルギー分布をそれぞれ示す。量子井戸の状態密度は，式 (5.111) に示したように各量子数についてエネルギーに依存せずに一定（$m^*/\pi\hbar^2$）で，各量子数の状態密度の総和となる。よって，その状態密度にフェルミ・ディラック分布関数を掛けて積分すると，電子のエネルギー分布は図 (b) に示すようになり，バルクの場合 (c) に比べて狭いエネルギー分布になる。

したがって，量子井戸レーザにおける利得スペクトルは，**図 7.29** (a) に示すように量子数 $n = 1$ のエネルギー E_1 で最大利得を示し，注入電流を増しても量子数 $n = 1$ での最大利得が増大することになり，しきい利得 g_{th} に達するしきい電流 I_{th} は，図 (b) のバルクの場合に比べて小さくなる。

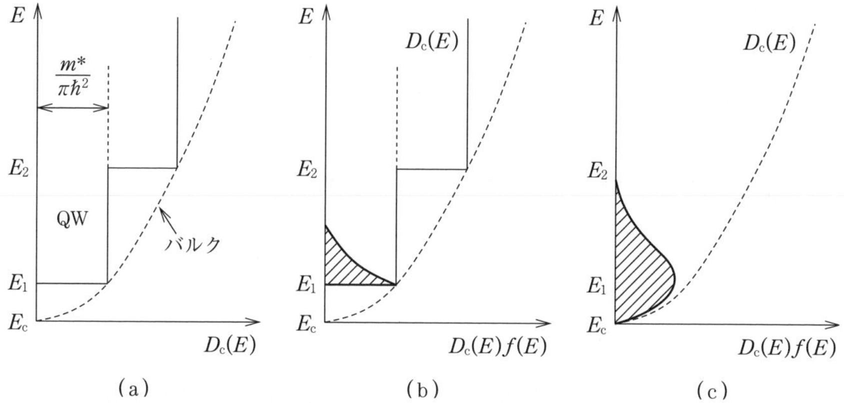

図 7.28　量子井戸の伝導帯における状態密度 (a)，量子井戸内の電子のエネルギー分布 (b)，バルク半導体の電子のエネルギー分布 (c)

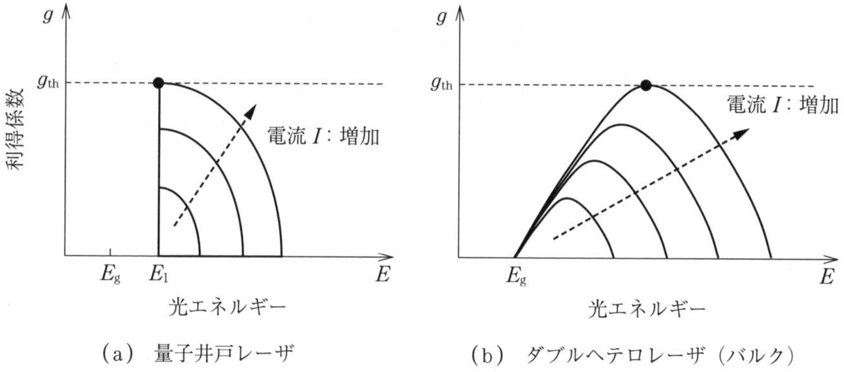

図 7.29　量子井戸レーザ (a) およびダブルヘテロレーザ (b) における利得スペクトルの注入電流依存性

量子井戸レーザでは，量子数 $n = 1$ の量子準位間の遷移エネルギーで発振条件が満足され，その量子準位は式 (5.91) で示したように（バンド不連続量 ΔE_c が無限の場合），量子井戸幅 L_w の 2 乗の逆数によって決まる。よって，**図 7.30** に示すように量子井戸幅を変化させることで発振波長を制御できることも，量子井戸レーザの特徴の一つである。ただし，量子井戸幅の不均一性が量子準位の不均一性にもつながるため，均一性の高い結晶成長技術が要求される。

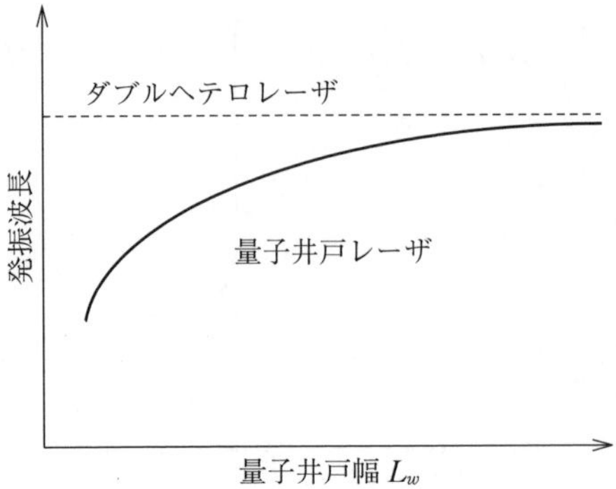

図 7.30　量子井戸レーザにおける発振波長の量子井戸幅依存性

また，量子井戸レーザでは状態密度が階段形であるため，温度変化によるしきい電流の変化は抑制され，特性温度 T_0 が高くなることも期待される。量子井戸レーザのその他の特徴として高速変調も挙げられる。これも状態密度が階段形であることと関係しており，微分利得がバルクの値に比べて大きいことから，図 7.20 で述べた緩和振動周波数が高くなり，変調周波数帯域が広くなる。さらに，量子井戸レーザには異方性利得の特徴もある。量子井戸レーザでは，電界ベクトルが量子井戸面内にある光波（TE 偏波）の利得のほうが，電界ベクトルが量子井戸面に垂直方向にある光波（TM 偏波）の利得に比べて非常に大きいため，TE 偏波で選択的に発振することになり，偏波面の安定性が高くなる。

最後に，図 5.27 に示した 2 次元量子井戸構造の量子細線（QWW）および 3 次元量子井戸構造の量子ドット（QD）の状態密度は，それぞれ図 5.33 および図 5.34 に示したように，量子閉じ込め効果の次元が増すほど状態密度のエネルギー分布はさらに狭くなり，量子準位のエネルギー差も大きくなる。したがって，さらなる低しきい値化やしきい電流の高い温度安定性，さらに高温での安定したレーザ発振が期待される。

8 受光デバイス

本章では，8.1 節で受光デバイスの半導体材料と光吸収係数について説明した後，各種の受光デバイスについて解説する。8.2 節では光伝導素子，8.3 節ではショットキー接合フォトダイオード，8.4 節では pn 接合および pin 接合のフォトダイオード，8.5 節ではアバランシェフォトダイオードについて，それぞれの基本的な素子構造，動作原理，基本特性について説明する。

8.1 受光デバイスの半導体材料と光吸収係数

受光デバイスに用いられる半導体材料としては，直接遷移型にかぎらず間接遷移型の半導体も用いられ，受光デバイスは，基本的には半導体のエネルギーギャップ E_g より高いエネルギー（$h\nu > E_g$）の光が吸収され，キャリヤを生成して光電流として取り出す構造である。代表的な半導体光検出器の光伝導素子，ショットキー接合フォトダイオード，pn 接合を用いた pn 接合フォトダイオードおよび pn 接合を応用した pin フォトダイオード，アバランシェフォトダイオードについて，8.2 節以降で説明する。

直接遷移型および間接遷移型の半導体における光吸収過程については，すでに 6.2 節で述べ，図 6.7 に光吸収係数の光エネルギー依存性の概形を示した。**図 8.1** には，各種半導体材料の光検出器の量子効率 η と光波長の関係を示す。量子効率 η は式 (8.1) で表され，単位時間当りの入射光子数に対する生成された電子–正孔対の数である。

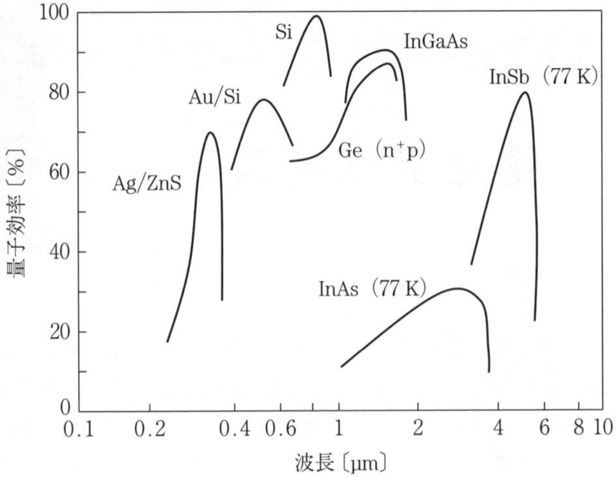

図 8.1　各種半導体材料の光検出器の量子効率

$$\eta = \frac{\dfrac{I_p}{e}}{\dfrac{P_{opt}}{h\nu}} \tag{8.1}$$

ここで，I_p は光エネルギー $h\nu$ の入射光パワーに対する光生成電流である。半導体材料によってエネルギーギャップが異なるため，光吸収における量子効率の光波長依存性も異なる。

半導体の光吸収係数 α は，以下のように考えることができる。半導体板（厚さ Δx）にエネルギー $h\nu$ の光子が単位時間，単位面積当りに $\phi(x) = \phi_0$ 個入射したとき，半導体板内を距離 Δx 通過する間に吸収される光子数は，光子数 $\phi(x)$ と距離 Δx に比例するため，式 (8.2) のように表される。このときの比例係数 α が**光吸収係数**である。

$$\phi(x) - \phi(x + \Delta x) = \alpha\phi(x)\Delta x \tag{8.2}$$

式 (8.2) を微分方程式 (8.3) で表し，半導体表面での反射率を R とすると，表面における光子数は $(1 - R)\phi_0$ となり，これを境界条件として式 (8.3) を解くと，光の進行距離 x に対する光子数 $\phi(x)$ は式 (8.4) となる。ここでは裏面での反射は無視した。

$$-\frac{\mathrm{d}\phi(x)}{\mathrm{d}x} = \alpha\phi(x) \tag{8.3}$$

$$\phi(x) = (1 - R)\phi_0 \exp(-\alpha x) \tag{8.4}$$

図 8.2 に光子数の光侵入距離依存性を示すように，光の侵入距離 x に対して光子数 $\phi(x)$ は指数関数的に減少する。また光吸収係数 α は光エネルギー依存性があり，光エネルギーが高くなるほど大きい値をもつため減衰率は大きく，表面での光吸収の割合が大きくなる。受光デバイスでは，光吸収による光の侵入長を考慮した構造を考える必要がある。

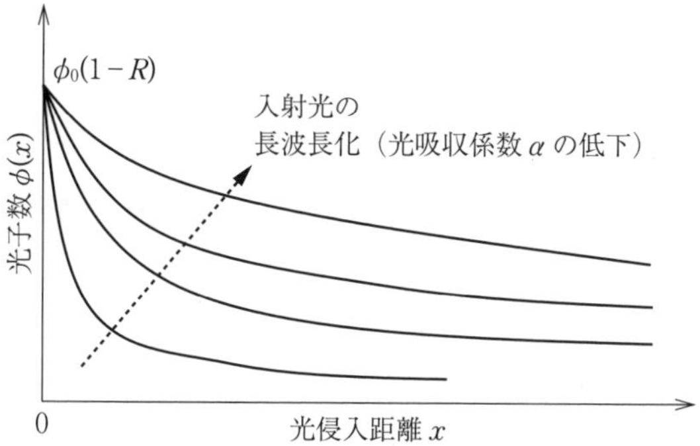

図 8.2　入射光子数の光侵入距離依存性

8.2 光 伝 導 素 子

光照射によるキャリヤ生成によって半導体の抵抗が下がり，導電率が増す効果を**光伝導効果**（photo-conductance effect）と呼び，一般には，2 端子素子の電極間に光を照射して光伝導効果を利用した素子を**光伝導素子**という。**図 8.3** のように，直方体（寸法 L, W, d）の一様な半導体の両端に電圧を印加（電界 ε）状態で光照射すると，キャリヤ濃度 $\Delta n = \Delta p$ が生成され，光電流密度 j_{ph} は式 (8.5) となる。ここで μ は移動度である。

$$j_{\mathrm{ph}} = e(n_0 + \Delta n)\mu_{\mathrm{e}}\varepsilon + e(p_0 + \Delta p)\mu_{\mathrm{h}}\varepsilon \tag{8.5}$$

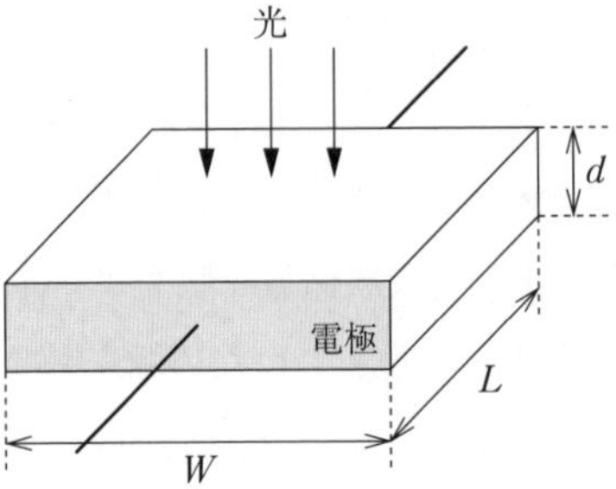

図 8.3　半導体の光伝導素子

ここで，光生成キャリヤ濃度は熱平衡状態のキャリヤ濃度 n_0, p_0 に比べて十分大きく，Δn のみを考えるとすると，式 (8.5) は式 (8.6) となる。

$$j_{ph} = e\Delta n\mu_e\varepsilon \tag{8.6}$$

定常光の照射状態では，光生成速度 G は再結合速度 $\Delta n/\tau$（キャリヤ寿命時間 τ）と等しくなり，式 (8.6) から光生成キャリヤ濃度 Δn を消去すると式 (8.7) が得られる。

$$j_{ph} = eG\tau\mu_e\varepsilon \tag{8.7}$$

また，光照射 P_{in}（単位は〔W〕＝〔J/s〕）に対する光生成キャリヤの量子効率 η は，式 (8.8) で表される。

$$\eta = \frac{G(LWd)}{\dfrac{P_{in}}{h\nu}} \tag{8.8}$$

よって，式 (8.7) と式 (8.8) より光電流 I_{ph} は式 (8.9) で表される。ここで，ドリフト速度 $\mu\varepsilon$ で電極間距離 L を走行したときの走行時間を t_r とした。

$$I_{ph} = j_{ph}Wd = e\eta\frac{P_{in}}{h\nu}\frac{\tau\mu_e\varepsilon}{L} = e\eta\frac{P_{in}}{h\nu}\frac{\tau}{t_r} \tag{8.9}$$

式 (8.9) 中の $e\eta(P_{in}/h\nu)$ は初期光電流で，τ/t_r は光電流利得を意味する。つまり，キャリヤの寿命時間 τ に対して光生成キャリヤの走行時間 t_r が短くなると，取り出せる光電流は初期光電流よりも大きくなる（利得 1 以上）。

8.3　ショットキー接合フォトダイオード

金属-半導体の接合で，ショットキー接触形では整流性のダイオード特性を示すことを5.2節で述べた。このショットキーダイオードに逆バイアスを印加して光生成キャリヤを取り出す構造としたものが，**ショットキー接合フォトダイオード**である。**図8.4**にショットキー接合フォトダイオードの断面構造(a)と逆バイアス電圧印加のエネルギーバンド図(b)を示す。

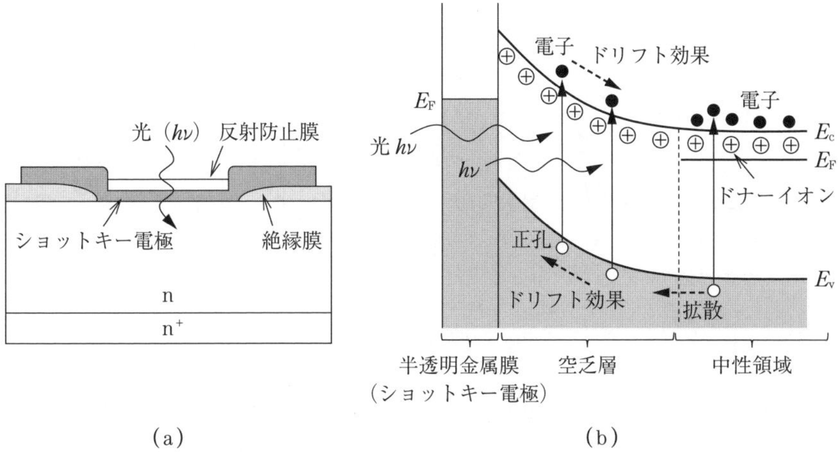

図8.4　ショットキー接合フォトダイオードの構造(a)とエネルギーバンド図（逆バイアス電圧印加）(b)

光の入射面側のショットキー電極は半透明の金属薄膜で，この薄膜を通してn型半導体側に侵入した光でキャリヤを生成する。逆バイアス電圧の印加により，金属-半導体界面から半導体側の空乏層が広がり，電界が発生している。空乏層内で光励起されたキャリヤはドリフト効果で空乏層を流れ，正孔は金属側へ流れ，電子はn型半導体の電気的中性領域に入り，誘電緩和現象により多数キャリヤの電子が電極側に押し出されて電流となる。また，空乏層端から電気的中性領域の拡散長内では，光励起された正孔の拡散により空乏層内へ流れ込み，正孔のドリフト電流成分となる。

図 8.5 (a) は暗状態および光照射状態におけるショットキー接合フォトダイオードの典型的な電流-電圧（*I*-*V*）特性で，図 (b) には等価回路を示す。光照射電流は負の電流方向に流れ，逆バイアス V_{BB} から負荷抵抗 R で決まる負荷線との交点が動作点 V_b, I_b となり，式 (8.10) で表される。光照射量に応じて動作点が変化する。

$$V_b = V_{BB} - RI_b \cong V_{BB} - RI_{ph} \tag{8.10}$$

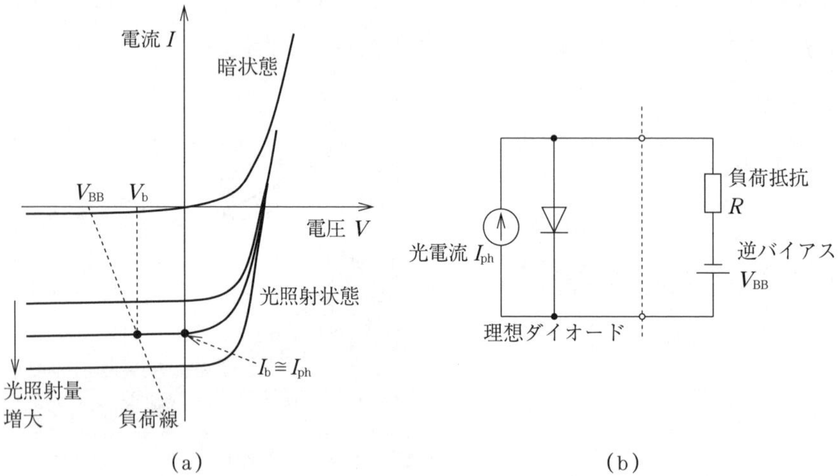

図 8.5　ショットキー接合フォトダイオードの電流-電圧特性（暗・光照射状態）(a) と等価回路 (b)

8.4　pn 接合フォトダイオード

8.4.1　pn 接合フォトダイオード

半導体 pn 接合のダイオード特性についてはすでに 5.1 節で述べた。**pn 接合フォトダイオード**は，前節のショットキー接合フォトダイオードと同様に，pn 接合に逆バイアス電圧を印加し，pn 接合界面の空乏層および空乏層端近傍での光生成キャリヤの流れによる電流を取り出すものである。**図 8.6** に，pn 接合フォトダイオードの断面構造 (a) と逆バイアス電圧印加のエネルギーバ

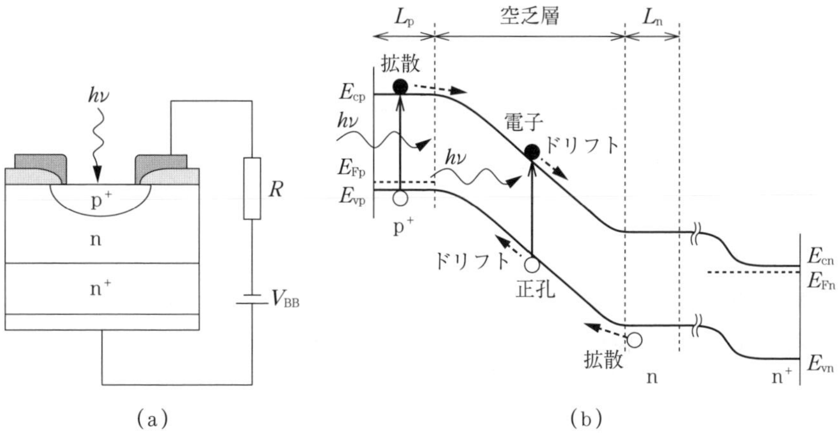

図 8.6 pn 接合フォトダイオードの構造 (a) とエネルギーバンド図（逆バイアス電圧印加）(b)

ンド図 (b) を示す。

光入射面側の p 層の電気的中性領域の厚さは拡散長程度で，そこで光生成された電子は拡散により空乏層側へ流れ込み，また空乏層端から奥の n 層の電気的中性領域の拡散長内で光生成された正孔も，同様に拡散により空乏層内へ流れ込む。空乏層内で生成されたキャリヤおよび拡散で空乏層内に流入したキャリヤは，ドリフト効果により電流となる。逆バイアス電圧の印加によって空乏層を広げ，空乏層内での光励起キャリヤの生成を増加させている。空乏層のドリフト効果によって電気的中性領域へ流れ込んだ多数キャリヤは，誘電緩和現象によって電極側に押し出されて外部回路に電流として取り出される。pn 接合フォトダイオードへの光照射における電流-電圧（I-V）特性および等価回路は，ショットキー接合フォトダイオードの図 8.5 と同様になり，動作点は式 (8.10) で表される。

pn 接合フォトダイオードにおける光生成電流 I_{ph} は，式 (8.11) のように，空乏層内の電界によるドリフト電流 I_{dri} と，空乏層へ流れ込む拡散電流 I_{dif} の和で表される。pn 接合には逆バイアス電圧が印加されているので空乏層中の電界は強く，電子と正孔はたがいに逆方向に走行するので空乏層中での再結合は無視できるものとする。また，半導体表面に入射する光子数を ϕ_0，表面の反射率を R とすると，表面における光子数は $(1 - R)\phi_0$ となり，光吸収係数を α とすると，表面から深さ x における光励起キャリヤの発生頻度 $G(x)$ は式 (8.12) で表される。

$$I_{\mathrm{ph}} = I_{\mathrm{dri}} + I_{\mathrm{dif}} \tag{8.11}$$

$$G(x) = \alpha(1 - R)\phi_0 \exp(-\alpha x) \tag{8.12}$$

空乏層内で生成されたキャリヤのドリフト電流 I_{dri} は，光励起キャリヤの発生頻度 $G(x)$ を空乏層厚 W まで積分することにより求められ，式 (8.13) が得られる。

$$I_{\mathrm{dri}} = -e\int_0^W G(x)\mathrm{d}x = e(1 - R)\phi_0\{\exp(-\alpha W) - 1\} \tag{8.13}$$

また，$x > W$ の領域における正孔（少数キャリヤ）の定常状態における拡散方程式は式 (8.14) となり，拡散電流 I_{dif} を求めることができる。

$$D_{\mathrm{p}}\frac{\mathrm{d}^2 p}{\mathrm{d}x^2} - \frac{p - p_0}{\tau_{\mathrm{p}}} + G(x) = 0 \tag{8.14}$$

ここで，D_{p} は正孔の拡散係数，τ_{p} は過剰な正孔の寿命，正孔の拡散長 $L_{\mathrm{p}} = (D_{\mathrm{p}}\tau_{\mathrm{p}})^{1/2}$，$p_0$ は平衡状態の正孔濃度で，境界条件として $x = W$ および $x = \infty$ で $p = p_0$ とすると，式 (8.14) の解は式 (8.15) となる。ここで係数 A は式 (8.16) とおいた。

$$p(x) = p_0 - A\exp\left\{-\alpha W + \frac{W - x}{L_{\mathrm{p}}}\right\} + A\exp(-\alpha x) \tag{8.15}$$

$$A = \frac{(1 - R)\phi_0}{D_{\mathrm{p}}}\frac{\alpha L_{\mathrm{p}}^{\ 2}}{1 - \alpha^2 L_{\mathrm{p}}^{\ 2}} \tag{8.16}$$

よって，拡散電流 I_{dif} は式 (8.17) となる。

$$I_{\mathrm{dif}} = -eD_{\mathrm{p}}\left(\frac{\mathrm{d}p}{\mathrm{d}x}\right)_{x=W} = -e(1 - R)\phi_0\frac{\alpha L_{\mathrm{p}}}{1 + \alpha L_{\mathrm{p}}}\exp(-\alpha W) \tag{8.17}$$

したがって，全体の光生成電流 I_{ph} は式 (8.13) と式 (8.17) の和より式 (8.18) となる。

$$I_{\mathrm{ph}} = e(1 - R)\phi_0\left\{\frac{1}{1 + \alpha L_{\mathrm{p}}}\exp(-\alpha W) - 1\right\} \tag{8.18}$$

光生成電流 I_{ph} の絶対値を大きくするには，光吸収係数 α と空乏層厚 W の積 αW を大きくして，空乏層内での光励起キャリヤ濃度を増加させる必要がある。

8.4.2 pin フォトダイオード

通常の pn 接合ダイオードの空乏層厚 W は 1 µm 以下であるが，光生成電流を増すためには，式 (8.18) でも述べたように光吸収係数と空乏層厚の積 αW を大きくする必要がある。そこで pn 接合の間に不純物ドープしない厚い i 層（数百 µm 程度）を導入したフォトダイオードが，**pin フォトダイオード**（pin photodiode）である。**図 8.7** に pin フォトダイオードの断面構造を示す。

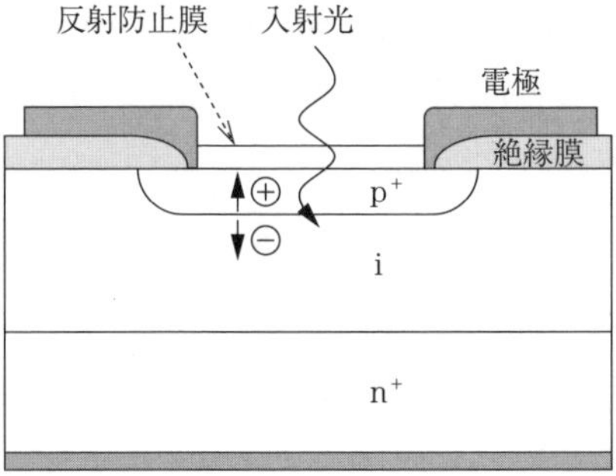

図 8.7 pin 接合フォトダイオードの構造

pin フォトダイオードは，厚い i 層による入射光に対する高感度化だけでなく，高速応答の特徴がある。このダイオードは，厚い空乏層幅 W のために光励起キャリヤの走行距離が長くなり，走行時間 t_r が長くなりやすいが，不純物ドープのない i 層ではイオン化不純物散乱の影響を受けにくいため，移動度が高くドリフト速度を高くできる。走行時間 t_r で制限される応答周波数 f_t は式 (8.19) で表され，感度と走行時間の両方を考慮して i 層の厚み W を設計する必要がある。

$$f_t = \frac{1}{2\pi t_r} \tag{8.19}$$

また，pin フォトダイオードは，空乏層厚 W が厚いため空乏層容量（C =

$\varepsilon S/W$，ε：誘電率，S：面積）が小さくなり，RC時定数（Rは負荷抵抗）を小さくできるため，式 (8.20) で表される遮断周波数f_cも高くなる。

$$f_c = \frac{1}{2\pi RC} \tag{8.20}$$

以上より，pin フォトダイオードの最大応答周波数f_mは式 (8.21) で表される。

$$\frac{1}{f_m^{\,2}} = \frac{1}{f_c^2} + \frac{1}{f_t^2} = (2\pi RC)^2 + (2\pi t_r)^2 \tag{8.21}$$

8.5　アバランシェフォトダイオード（APD）

アバランシェフォトダイオード（avalanche photodiode，**APD**）は，微弱光によるわずかな光生成キャリヤを**アバランシェ効果**（avalanche effect）によって増幅するフォトダイオードで，微弱光の検出に用いられる。アバランシェ効果による増倍機構は，pn 接合ダイオードの逆バイアス電圧印加における降伏（**ブレークダウン**，breakdown）現象の一つで，**図 8.8** に示すように，pn 接合にブレークダウン直前の大きな逆バイアス電圧（V_{BB}）を印加すると，光照射下では後述するアバランシェ効果により逆方向電流が急増する。APD の動作モードでは，ツェナー降伏を起こさせず，アバランシェ効果が発生する逆バイアス電圧で使用し，アバランシェ効果によって光生成キャリヤの増倍作用によ

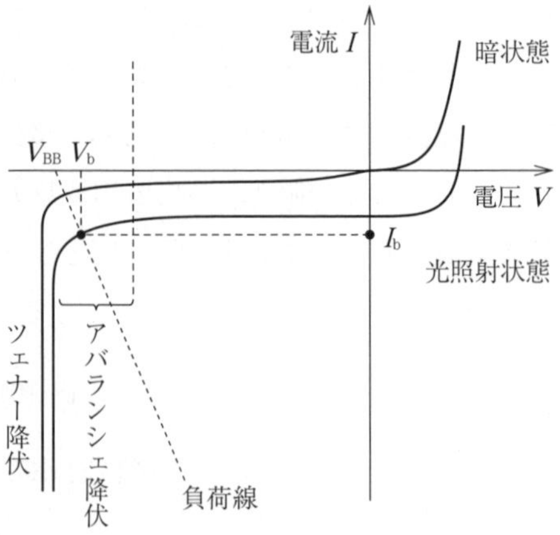

図 8.8　アバランシェフォトダイオード（APD）の電流-電圧特性（暗・光照射状態）

り電流が急増するように動作点を設定する。

図 8.8 に示した APD 動作の逆バイアス電圧 V_{BB} を印加した状態のエネルギーバンド図を，**図 8.9**（a）に示す。光照射によって空乏層内に電子–正孔対が生成されると（①），生成された電子は空乏層内の強い電界で加速される。平均自由行程を走行した電子の運動エネルギーがエネルギーギャップ E_g より大きくなり，格子と衝突すると価電子を励起して電子–正孔対をつくる（②）。この衝突電離で生成された電子と正孔はそれぞれ反対方向にドリフトし，同様に衝突電離を繰り返す（③）と生成キャリヤは雪崩式に増倍して電流が急増する。よって，エネルギーギャップ E_g が小さい半導体ほど，アバランシェ効果は起こりやすくなる。

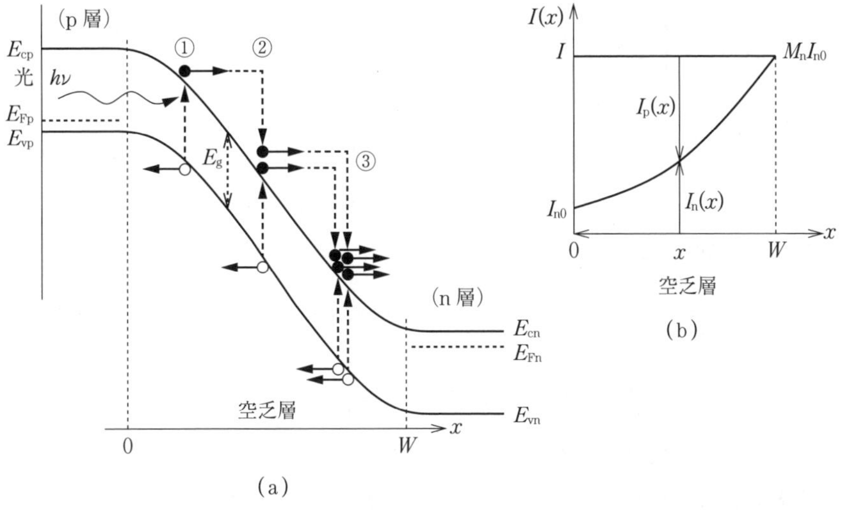

図 8.9　アバランシェフォトダイオード（APD）のエネルギーバンド図（逆バイアス電圧印加）（a）と空乏層内の電子電流 $I_n(x)$ と正孔電流 $I_p(x)$ の分布（b）

図（b）には空乏層内の電子電流 $I_n(x)$ と正孔電流 $I_p(x)$ の分布を示す。電子の**増倍率**（multiplication factor）を M_n とすると，電子電流は $x = 0$ における $I_n(0) = I_{n0}$ から $x = W$（空乏層幅）における $I_n(W) = M_n I_{n0}$ まで増大し，正孔電流は逆方向（$x = W$～0）に向かって増大する。定常状態では，全電流 I

（$= I_n(x) + I_p(x)$）は空乏層全体にわたって一定となる。ここで，1個の電子が単位距離進んだときに生成する電子-正孔対の数を電子の**イオン化率**（ionization coefficient）といいこれをαとし，正孔のイオン化率をβとすると，空乏層内のx～$x+\mathrm{d}x$の微小領域内での電子数の増加$\mathrm{d}\{I_n(x)/e\}$は，電子の衝突によるイオン化で発生した電子数$\alpha\{I_n(x)/e\}\mathrm{d}x$と，正孔の衝突によるイオン化で発生した正孔数$\beta(I_p(x)/e)\mathrm{d}x$との和に等しい。よって，$I_p(x) = I - I_n(x)$より，式(8.22)が得られる。

$$\frac{dI_n(x)}{dx} - (\alpha - \beta)I_n(x) = \beta I \tag{8.22}$$

式(8.22)の微分方程式を$I_n(0) = I_{n0}$および$I_n(W) = M_n I_{n0}$の境界条件を用いて解くと，式(8.23)となる。

$$I_n(x) = I\left[\frac{1}{M_n} + \int_0^x \beta \exp\left\{-\int_0^x (\alpha - \beta)\mathrm{d}x'\right\}\mathrm{d}x\right]\exp\left\{\int_0^x (\alpha - \beta)\mathrm{d}x'\right\} \tag{8.23}$$

全空乏層幅（$x = 0$～W）にわたって積分すると式(8.24)が得られる。逆向きのnp接合で正孔がアバランシェ増倍の引き金となる場合には，正孔について同様にして解くと式(8.25)となる。

$$1 - \frac{1}{M_n} = \int_0^W \alpha \exp\left\{-\int_0^x (\alpha - \beta)\mathrm{d}x'\right\}\mathrm{d}x \tag{8.24}$$

$$1 - \frac{1}{M_p} = \int_0^W \beta \exp\left\{-\int_0^W (\beta - \alpha)\mathrm{d}x'\right\}\mathrm{d}x \tag{8.25}$$

アバランシェ効果によるブレークダウンは，$M_n = \infty$，$M_p = \infty$となる電圧で定義される。したがって，アバランシェブレークダウンの条件は式(8.24)，(8.25)からそれぞれ次式で与えられる。

$$\int_0^W \beta \exp\left\{-\int_0^x (\beta - \alpha)\mathrm{d}x'\right\}\mathrm{d}x = 1 \tag{8.26}$$

$$\int_0^W \alpha \exp\left\{-\int_0^W (\alpha - \beta)\mathrm{d}x'\right\}\mathrm{d}x = 1 \tag{8.27}$$

9 太陽電池

本章では，光エネルギーを電気エネルギーに変換する太陽電池について解説する。半導体の pn 接合を基本構造とする太陽電池の動作原理や基本特性について学んだ後，高い変換効率の多接合タンデム型太陽電池と中間バンド型太陽電池について説明する。

9.1 太陽電池の動作原理

太陽電池は外部からのバイアス電圧の供給電源をもたず，負荷抵抗のみが接続された状態において，光照射によって負荷抵抗に生じた電力を取り出すエネルギー変換デバイスである。8.4 節で述べた pn 接合フォトダイオードを基本構造とした**単接合太陽電池**（single junction solar cell）の動作原理について，エネルギーバンド図を用いて説明する。

図 9.1 には，pn 接合太陽電池を短絡にした負荷抵抗 $R_L = 0$ の状態で光照射を行ったときのエネルギーバンド図を示す。pn 接合の両端の電圧は零で，擬フェルミ準位の差はなく一定（$E_{Fn} = E_{Fp}$）である。p 層側の表面から入射した光（$h\nu >$ エネルギーギャップ E_g）は表面から pn 接合層の奥に向かって指数関数的に吸収され，光励起キャリヤを生成する。pn 接合フォトダイオードでも述べたように，p 層の厚さは拡散長程度で，電子は拡散により空乏層側へ流れ込み，空乏層端から奥の n 層からも正孔が拡散により空乏層内へ流れ込む。空乏層内に拡散で流入したキャリヤに加え，空乏層内で光励起されたキャリヤはドリフト効果により電流となる。このときの電流 I_{sc} を**短絡電流**（short

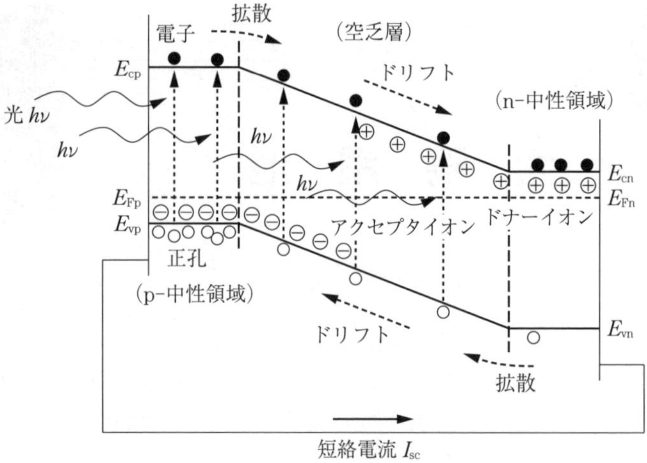

図 9.1　pn 接合太陽電池の短絡状態（$R_L = 0$）におけるエネルギーバンド図

circuit current）と呼ぶ。

つぎに，pn 接合太陽電池を開放にした負荷抵抗 $R_L = \infty$ の状態で光照射を行ったときのエネルギーバンド図を，**図 9.2** に示す。pn 接合の両端を開放にしているため電流は零となり，p 層側の表面から入射した光（$h\nu > E_g$）による光励起キャリヤは，図 9.1 で述べたように，光励起キャリヤの電子と正孔は空乏層を通してそれぞれ n 層および p 層の電気的中性領域へ流れ込む。両端

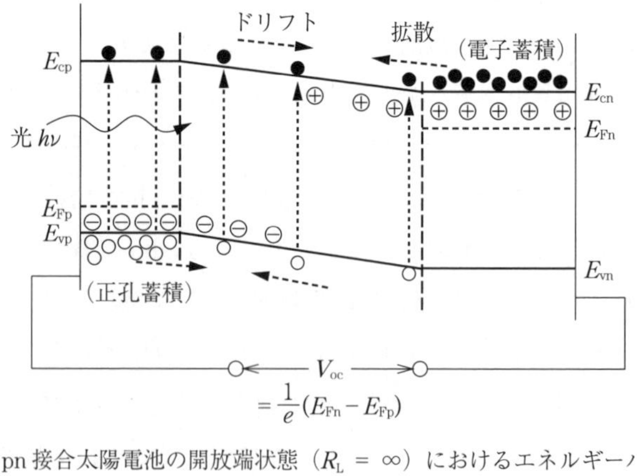

図 9.2　pn 接合太陽電池の開放端状態（$R_L = \infty$）におけるエネルギーバンド図

は開放されているためキャリヤは外部に流れず，それぞれの中性領域にキャリヤが蓄積され，正孔が蓄積された p 層側のポテンシャルエネルギーは低下し，電子が蓄積された n 層側のポテンシャルエネルギーは上昇する。その結果，pn 接合間の拡散電位は減少し，空乏層からの光励起キャリヤの流れ込みも抑制され，図のように定常的にバランスしたエネルギーバンド状態となる。このときの両側の擬フェルミ準位には差（$E_{Fn} - E_{Fp} = eV_{oc}$）が生じ，電位差が発生する。この発生した電圧 V_{oc} を**開放端電圧**（open circuit voltage）と呼ぶ。

太陽電池の動作状態では，外部に接続された負荷抵抗 R_L に流れる電流 I_b とその両端の電圧 V_b が印加された状態となり，図 9.1 の短絡状態と図 9.2 の開放状態の中間的な状態となる。そのときのエネルギーバンド図を**図 9.3** に示す。負荷抵抗から取り出せる電力 $V_b \times I_b$ が最大となるように負荷抵抗 R_L を設計することになる。

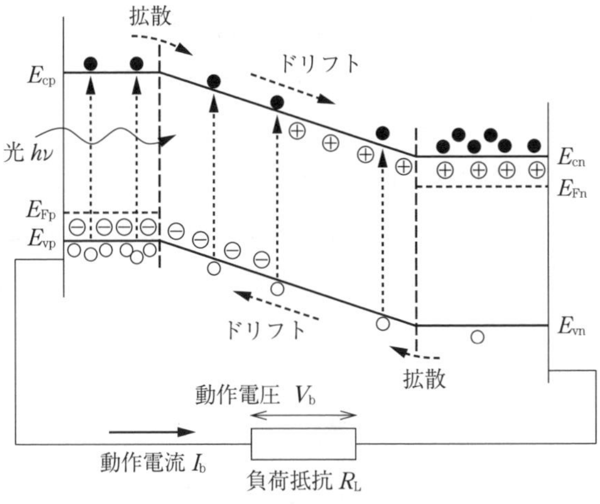

図 9.3 pn 接合太陽電池の動作状態（R_L：最適値）におけるエネルギーバンド図

9.2 太陽電池の電流-電圧特性

図 9.4 には，pn 接合ダイオードの暗状態と光照射状態における典型的な電

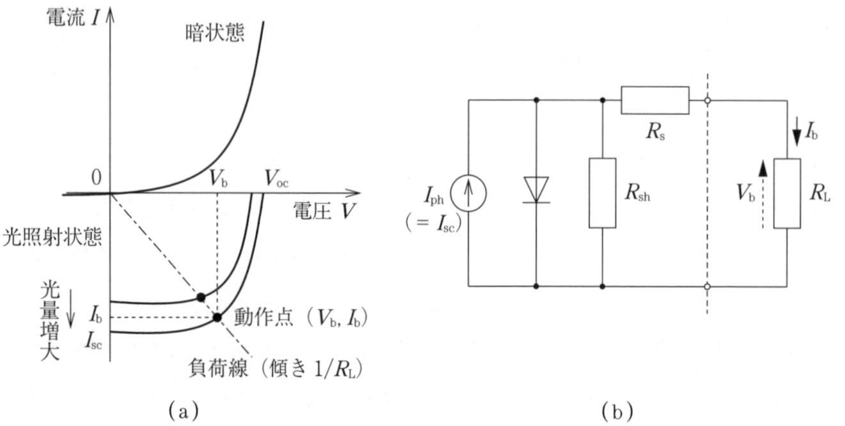

図 9.4　pn 接合太陽電池の電流-電圧特性（暗・光照射状態）(a) と等価回路 (b)

流-電圧（I-V）特性 (a) とその等価回路 (b) を示す。光照射では，前節で述べたように光励起キャリヤによる光電流 I_{ph} が流れ，pn 接合に対して負の逆方向電流となり，光照射量が大きくなるほど光電流は大きくなる。この順方向バイアス電圧で，逆方向電流の I-V 曲線の領域が太陽電池モードとなり，逆バイアス電圧で動作させるフォトダイオードとは異なる。負荷抵抗 R_L の負荷線と I-V 曲線との交点が動作点 (V_b, I_b) となる。

一般に，太陽電池モードの I-V 曲線の電流軸の極性を反転させた**図 9.5** の I-V 曲線で，太陽電池の特性を示す。電流軸切片が短絡電流 I_{sc}，電圧軸切片

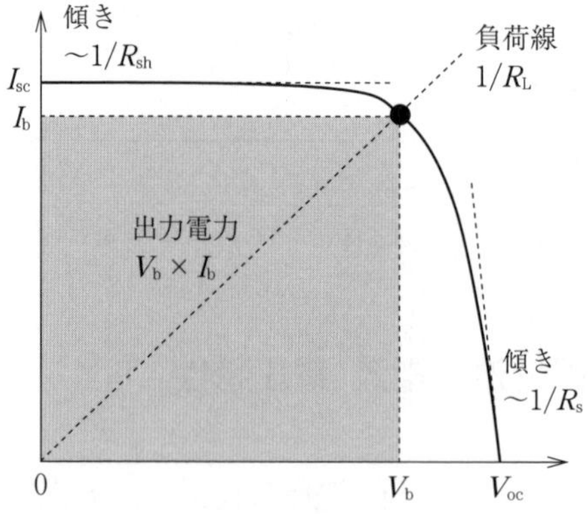

図 9.5　太陽電池特性（電流-電圧特性）

が開放端電圧 V_{oc} となり，負荷抵抗 R_L で決まる動作点（V_b, I_b）で形成される I-V グラフ上の面積が出力電力 $V_b \times I_b$ となる。図 9.4 (b) の太陽電池の等価回路では，理想ダイオード，光電流源 I_{ph}（$= I_{sc}$），負荷抵抗 R_L の他に，直列抵抗 R_s と並列抵抗 R_{sh} が含まれている。I-V グラフ上において，直列抵抗の傾き $1/R_s$ は V_{oc} 近傍の接線，並列抵抗の傾き $1/R_{sh}$ は I_{sc} 近傍の接線で表される。負荷抵抗に流れる電流 I_b は，等価回路より式 (9.1) で表される。右辺第 1 項は理想ダイオードのショックレーの式で，I_s は飽和電流，n はダイオードの理想因子で拡散電流の場合は 1，再結合電流の場合は 2 となる。

$$I_b = I_s\left\{\exp\frac{e(V_b - R_s I_b)}{nk_B T} - 1\right\} - I_{ph} + \frac{V_b - R_s I_b}{R_{sh}} \tag{9.1}$$

理想的には，ダイオードの理想因子 $n = 1$，直列抵抗 $R_s = 0$，並列抵抗 $R_{sh} = \infty$ のとき，I-V 特性は角形に近づき，出力電力も大きくなる。上記のパラメータと $I_b = 0$ を式 (9.1) に代入して開放端電圧 V_{oc} を求めると，式 (9.2) が得られる。

$$V_{oc} = \frac{k_B T}{e}\ln\left(1 + \frac{I_{ph}}{I_s}\right) \tag{9.2}$$

また，図 9.5 の太陽電池特性で，I-V 曲線を評価するために**曲線因子**（fill factor，***FF***）が式 (9.3) のように定義され，より角形に近い I-V 曲線のときに FF 値が高くなり，出力電力（$V_b \times I_b = FF \times V_{oc} \times I_{sc}$）も大きくなる。

$$FF = \frac{V_b I_b}{V_{oc} I_{sc}} \tag{9.3}$$

9.3 太陽光スペクトル

太陽電池の電力変換効率 η は，式 (9.4) のように，入射太陽光パワーに対する出力電力の割合で表される。

$$\eta = \frac{\text{出力電力}}{\text{入射太陽光パワー}} \times 100\% \tag{9.4}$$

エネルギー源である太陽光のスペクトルについて説明する。太陽の中心部における水素の核融合反応によってγ線が発生され，γ線は内部のガスに吸収されてエネルギーを失いX線として放出される。そのX線が太陽の外側表面に達するまでにさらにエネルギーを損失した紫外光，可視光，赤外光の広い波長帯域の太陽光として放射される。この太陽光のスペクトルはプランクの**黒体輻射**（black body radiation）で説明される。物質の温度とその物質から放出される電磁波（光）のスペクトルは，式(9.5)のプランクの黒体輻射の式で表される。hはプランク定数，cは光速，νは振動数，k_Bはボルツマン定数，Tは黒体の温度で，式(9.5)の$g(\nu, T)$は単位振動数当り，単位体積当りの黒体輻射によって発生するエネルギーを表す。

$$g(\nu, T) = \frac{8\pi h}{c^3}\frac{\nu^3}{\exp\left(\frac{h\nu}{k_B T}\right) - 1} \tag{9.5}$$

太陽から放射される光は絶対温度が約6 000 Kの黒体輻射に相当する。しかし，太陽光が大気圏を通して地上表面に到達するまでに，大気層中での反射，散乱，吸収などによりさらにエネルギー密度は低下する。よって，地上表面に達する太陽光のエネルギー密度は，太陽光が通過する大気層の厚さに依存し，太陽光が地上表面に入射する角度をθとすると，式(9.6)で表される**空気質量**（air mass，***AM***）によって変化する。$AM0$は大気圏外に相当し，$AM1$（θ

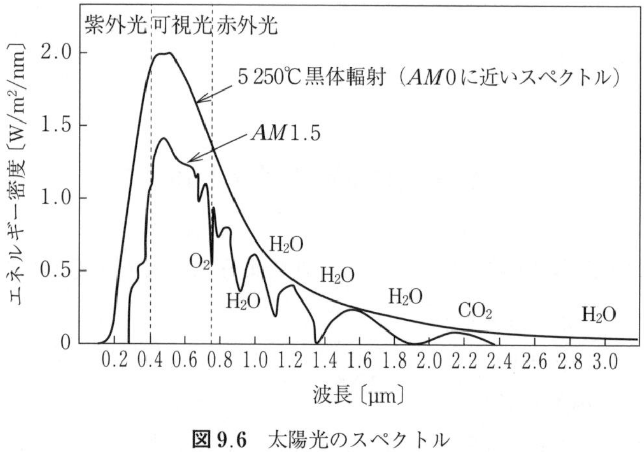

図9.6　太陽光のスペクトル

$= 0°$）は赤道直下，$AM1.5$（$\theta \cong 48°$）はほぼ東京の緯度に相当する。

$$AM = \frac{1}{\cos\theta} \tag{9.6}$$

図 9.6 に，$AM0$ と $AM1.5$ における太陽光のエネルギー密度のスペクトルを示す。$AM0$ のスペクトルに比べて，$AM1.5$ では，大気中の分子などの吸収や散乱によってスペクトル形状が歯状になり，エネルギー密度も全体的に低下する。$AM0$ における単位面積当りのエネルギー密度は約 1.3 kW/m^2 で，$AM1.5$ では約 1 kW/m^2 である。

9.4 電力変換効率と損失

電力変換効率は式 (9.4) で表され，分母の入射太陽光パワーは $AM0$ で約 1.3 kW/m^2，$AM1.5$ で約 1 kW/m^2 となり，式 (9.4) の分子は太陽電池の単位面積当りの出力電力を入れて計算することになる。ここでは，理想的な太陽電池における変換効率の理論限界について考える。つまり，太陽電池材料である半導体のエネルギーギャップ E_g に起因する損失を考慮した最大変換効率である。この損失には，**透過損失**（transmission loss）および**熱損失**（thermalization loss）と呼ばれる二つがある。

透過損失は，$E_g >$ 光エネルギー $h\nu$ の入射太陽光成分によるもので，**図 9.7** (a) に示すように，半導体中で吸収されることなくそのまま透過していくため，その光エネルギーは利用されず損失となる。熱損失は，図 (b) に示すように，$E_g < h\nu$ の入射太陽光成分に対して発生する損失で，光励起直後の電子と正孔はそれぞれバンド端よりも高いエネルギー状態にあるが，その高いエネルギー状態を維持したままキャリヤ伝導することは難しく，フォノン（格子振動の量子化）の放出（熱放出）によってエネルギーを失い，バンド端付近まで高速に**熱緩和**（thermal relaxation）する。この熱緩和時間は 10^{-13} s オーダーである。

以上のように，半導体のエネルギーギャップが大きいと透過損失が大きくな

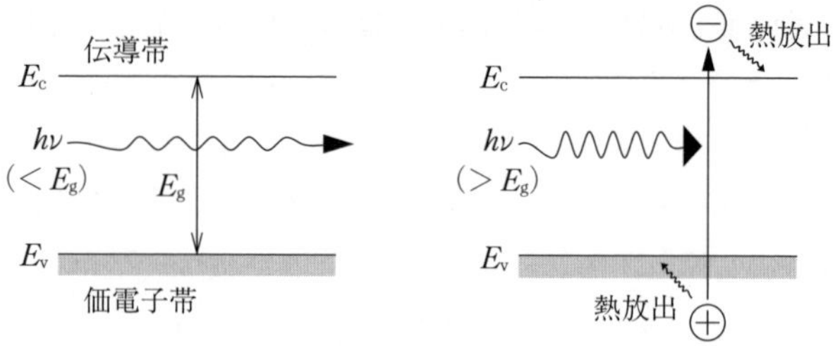

(a) 透過損失　　(b) 熱損失

図 9.7　太陽電池の損失

り，逆にエネルギーギャップが小さいと熱損失が大きくなるように，透過損失と熱損失にはトレードオフの関係がある。よって，図 9.6 の太陽光スペクトルに対して，太陽電池材料の半導体のエネルギーギャップ E_g には，最適値が存在することになる。

完全に理想的な太陽電池を仮定して，吸収の起こる $E_g < h\nu$ の光子 1 個から得られるエネルギーは E_g で，E_g より大きなエネルギーは熱損出として失われ，取り出せる電圧は E_g/e となる。そこで，太陽光に相当する 6 000 K の黒体輻射のすべての光子が太陽電池に照射される最大集光時を考えると，式 (9.5) を光子のエネルギー $h\nu$ で割り，さらに単位立体角当りの値にするために全立体角 4π で割って光速 c を掛けることで，式 (9.7) のように単位振動数当り，単位体積当りの光子数（光子の流量）$f(\nu, T)$ が得られる。したがって，**図 9.8** に示す $f(\nu, T)$ のグラフで，$E_g < h\nu$ の光子の総数（グラフの面積）に E_g を乗算することで，完全理想太陽電池から得られる出力 $P_{out}(E_g)$ が計算される（式 (9.8)）。また，太陽光の入力 P_{in} は式 (9.9) のように $f(\nu, T)$ に $h\nu$ を掛けて積分することで得られ，変換効率 η_{id} は $\{P_{out}(E_g)/P_{in}\} \times 100$〔%〕より求められる。このときの最大変換効率は，エネルギーギャップ $E_g = 1.12$ eV のときに得られ，44.3% の値となる。

$$f(\nu, T) = \frac{2}{c^2}\frac{\nu^2}{\exp\left(\dfrac{h\nu}{k_B T}\right) - 1} \tag{9.7}$$

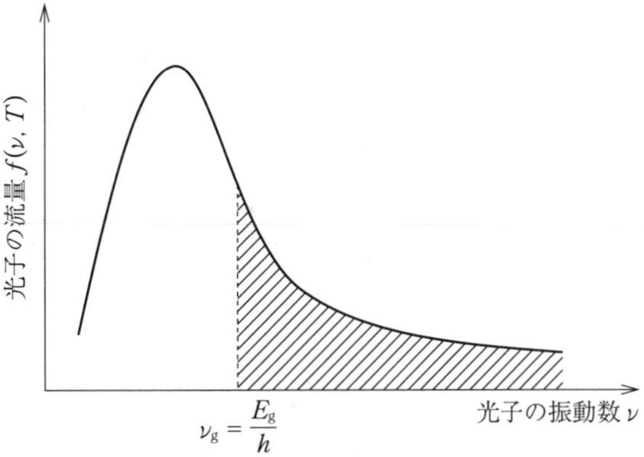

図 9.8 エネルギーギャップ E_g より高い光エネルギーをもつ太陽からの光子数 $f(\nu, \mathrm{T})$

$$P_{out} = h\nu_g \int_{\nu_g = E_g/h}^{\infty} f(\nu, T)\mathrm{d}\nu \tag{9.8}$$

$$P_{in} = \int_0^{\infty} f(\nu, T) h\nu \mathrm{d}\nu \tag{9.9}$$

つぎに，太陽電池の電流-電圧特性から，出力が最大となる動作点 (V_b, I_b) における変換効率について考える。この動作点ではキャリヤの生成と再結合が平衡状態にあり，**詳細平衡モデル**（detailed balance model）と呼ばれ，詳細平衡時の変換効率 η_{db} は式 (9.10) で求められる。ここで，分母の P_{cin} は太陽電池に入射する太陽光の強度で式 (9.11) で表され，式中の P_{in} は式 (9.9) に示した太陽光の入力である。また，地球から見た太陽の立体角 ω は，**図 9.9** に示すように式 (9.12) で表される。ここで，2.18×10^{-5} sr は立体角による**幾何学的因子**と呼ばれている。

$$\eta_{db} = \frac{V_b I_b}{P_{cin}} \tag{9.10}$$

$$P_{cin} = \omega P_{in} \tag{9.11}$$

$$\omega \fallingdotseq \frac{\pi (D/2)^2}{L^2} = \pi \times 2.18 \times 10^{-5} \quad \text{〔sr〕} \tag{9.12}$$

さて，図 9.5 の電流-電圧特性に示したように，動作点の出力 V_b, I_b は，開放端電圧 V_{oc} と短絡電流 I_{sc} を用いて表すことができる。つまり，式 (9.3) の曲

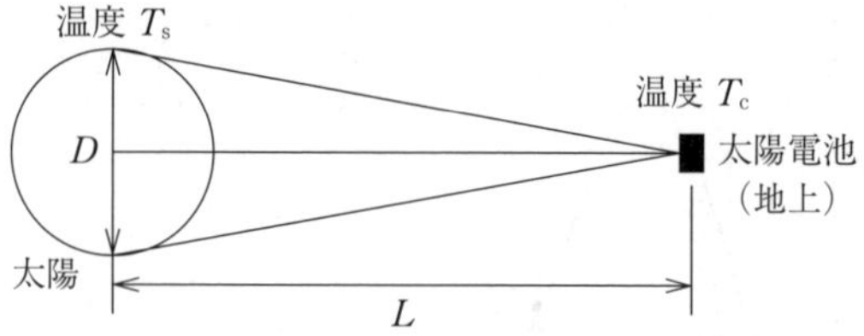

図 9.9　地上の太陽電池から見た太陽の立体角

線因子 FF 値から $V_b \times I_b = (V_{oc} \times I_{sc}) \times FF$ となる。ここで，$V_{oc} \times I_{sc}$ はキャリヤの生成と再結合の平衡状態を考えない非平衡時の出力である。よって，式 (9.10) の詳細平衡時の変換効率 η_{db} は式 (9.13) となり，式 (9.9), (9.12) に示した V_{oc}, I_{sc}, FF を用いて計算することができる。詳細平衡時の最大変換効率は，エネルギーギャップ $E_g = 1.34$ eV で得られ，30.5% の値となる。**図 9.10** に，エネルギーギャップに対する詳細平衡時の変換効率 η_{db} と，理想太陽電池の変換効率 η_{id} を示す。詳細平衡時の最大変換効率の 30.5% の値は，**ショックレー・クワイサー（S-Q）限界**とも呼ばれている。

$$\eta_{db} = \frac{V_{oc} I_{sc}}{P_{cin}} FF = \frac{V_{oc} I_{sc}}{\omega P_{in}} FF \tag{9.13}$$

実際の太陽電池の動作では，9.1 節でも述べたようにキャリヤのドリフトや拡散の輸送過程を考慮する必要があり，変換効率は詳細平衡モデルの S-Q 限界よりも低下する。

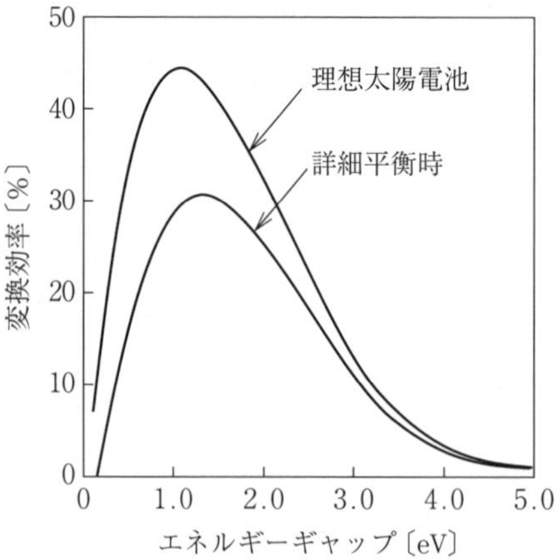

図 9.10　エネルギーギャップに対する理想太陽電池の変換効率と詳細平衡時の変換効率

9.5　多接合タンデム型太陽電池

広い太陽光スペクトルにおいて，前節で述べた熱損失と透過損失をなるべく抑え，変換効率を高めるため，エネルギーギャップの異なる半導体材料のpn接合太陽電池を積層した**多接合タンデム型太陽電池**（multi-junction tandem solar cell）がある。**図9.11**に，3接合タンデム型太陽電池の構造を示す。エネルギーギャップE_gの高い半導体材料の順（$E_{g1} > E_{g2} > E_{g3}$）に，例えば，InGaPトップセル（E_{g1} = 1.86 eV），InGaAsミドルセル（E_{g2} = 1.40 eV），Geボトムセル（E_{g3} = 0.65 eV）の各pn接合層が積層されている。**図9.12**のように，太陽光スペクトルの短波長側からトップセル，ミドルセル，ボトムセルの順に，そのエネルギーギャップよりも少し高いエネルギーの光の吸収により熱損失を抑え，それよりも少し低いエネルギーの光は下層のセルで吸収させることで透過損失を抑えることができる。また，各pn接合層は**トンネルダイオード**（tunnel diode）で接続され，接合部に流れ込んだ電子と正孔はとどまらず，トンネルダイオードのpn接合部で再結合する構造になっている。**図9.13**には，3接合タンデムセルのエネルギーバンド図を示す。

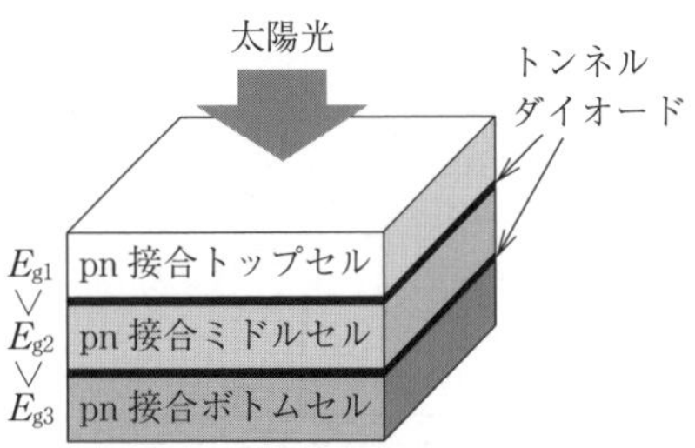

図9.11　3接合タンデム型太陽電池の構造

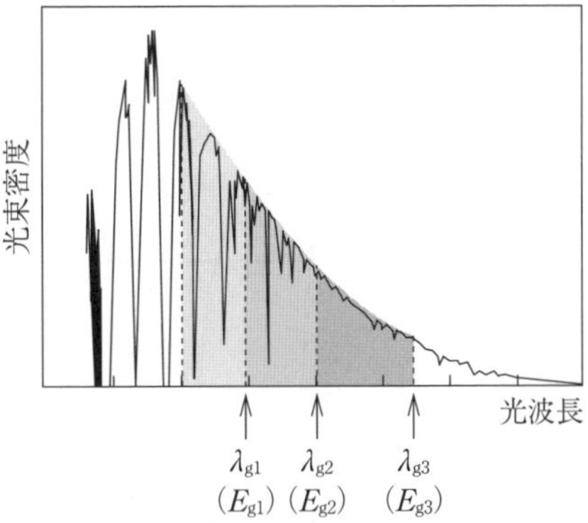

図9.12　3接合タンデム型太陽電池における電力変換の光波長帯域

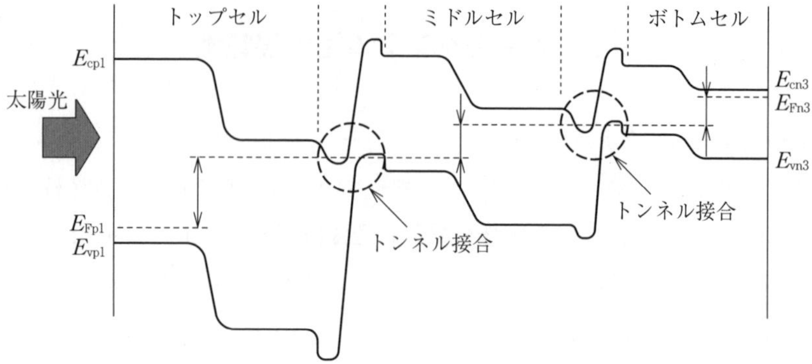

図 9.13　3接合タンデム型太陽電池のエネルギーバンド図（動作点）

図 9.14 には，3 種類の単接合セルおよびそれらを接合した 3 接合タンデムセルの光照射時における電流-電圧特性を示す。一般に，トップセル，ミドルセル，ボトムセルの順に各単接合セルの開放端電圧 V_{oc} は高く，逆に短絡電流 I_{sc} は小さい。これら 3 種類の pn 接合からなる 3 接合タンデムセルの特性としては，三つのセルの直列接続となるため短絡電流は最も小さいトップセルの短絡電流で制限され，開放端電圧は三つのセルの開放端電圧の和となる。その結果，単接合セルに比べて動作点における出力電力は高くなり，S-Q 限界を超える高い変換効率を得ることができる。

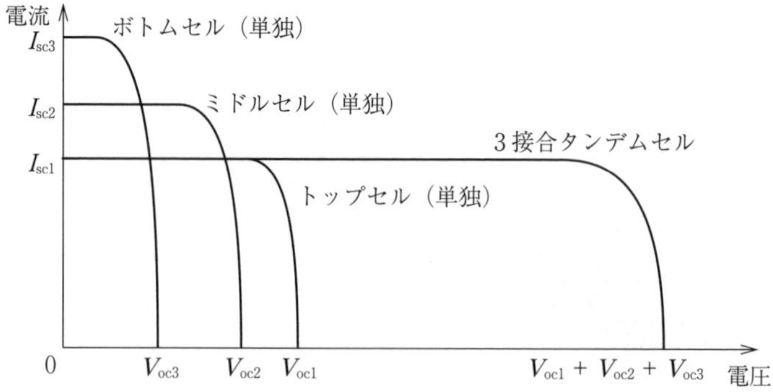

図 9.14　3 接合タンデム型太陽電池の電流-電圧特性

ただし，タンデム型太陽電池は直列接続の構造であるため，例えば，曇った天気の場合に，太陽光が雲などによって散乱，吸収され，多接合セルのうち一部のセル（特に短波長側のトップセル）の電流が低下して，その電流で制限されてしまい，タンデム型太陽電池全体としての性能が低下してしまうなどの問題が生じやすい。このため，タンデム型太陽電池は，天気に影響されない人工衛星などの宇宙用として活用されている。

9.6　中間バンド型太陽電池

多接合タンデム型太陽電池と同様に，広い太陽光スペクトルを有効に活用するため，単接合太陽電池のバンドギャップ内に別のエネルギーバンドを導入した**中間バンド型太陽電池**（intermediate band solar cell）がある。**図 9.15** のように，価電子バンド（VB）と伝導バンド（CB）の間のエネルギーギャップ内に中間バンド（IB）を導入すると，VB–CB 間の光吸収の他に，VB–IB 間および IB–CB 間の長波長帯の光吸収が起こり，広帯域の太陽光からキャリヤを光励起することができる。この中間バンドを介した 2 段階の光励起を有効に起こさせることが重要となる。さまざまな中間バンドの形成方法について研究が進められているが，代表的なものとして，量子ドットや不純物を導入したものがある。

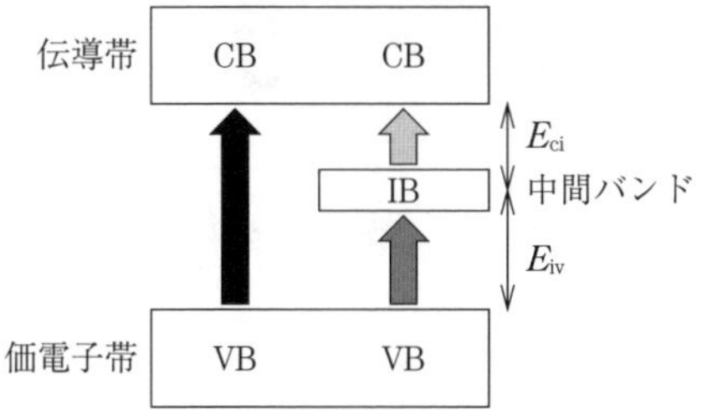

図 9.15　中間バンド型太陽電池の概念図

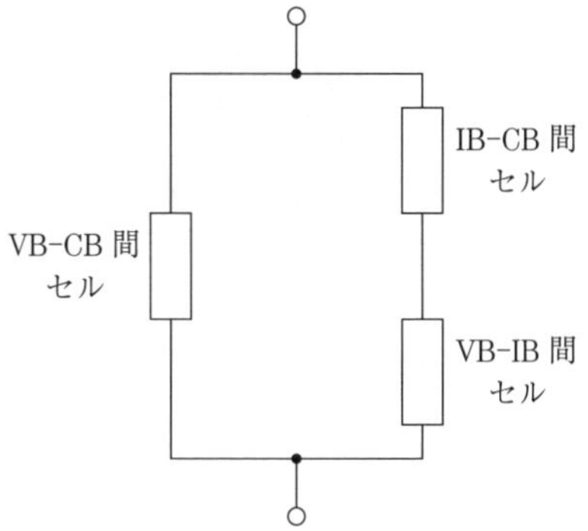

図 9.16　中間バンド型太陽電池の等価回路

中間バンド型太陽電池は，**図 9.16** に示すような三つの太陽電池からなり，中間バンドを介した VB–IB 間セルと IB–CB 間セルを直列接続したものに，VB–CB 間セルが並列に接続された等価回路となる。したがって，中間バンド型太陽電池は，中間バンドのない単接合太陽電池に比べて開放端電圧は高くならず，短絡電流が増大する効果がある。

図 9.17 は，中間バンド型太陽電池に $AM1.5$ の太陽光を 1 000 倍集光して照射したときの電力変換効率を詳細平衡モデルによって計算したもので，エネルギーギャップ E_g（$= E_{iv} + E_{ci}$）が 1.5 eV から 2.5 eV の範囲内で，IB–CB 間のエネルギー E_{ci} の値を 0.5 eV から 1.0 eV 変化させたときの電力変換効率の計算値を等高線図で表した。広いエネルギー領域で 50% を超える高い変換効率が得られ，IB–CB 間のエネルギー E_{ci} の値がエネルギーギャップ E_g の 35% 程度のとき，60% に近い高い変換効率が得られている。

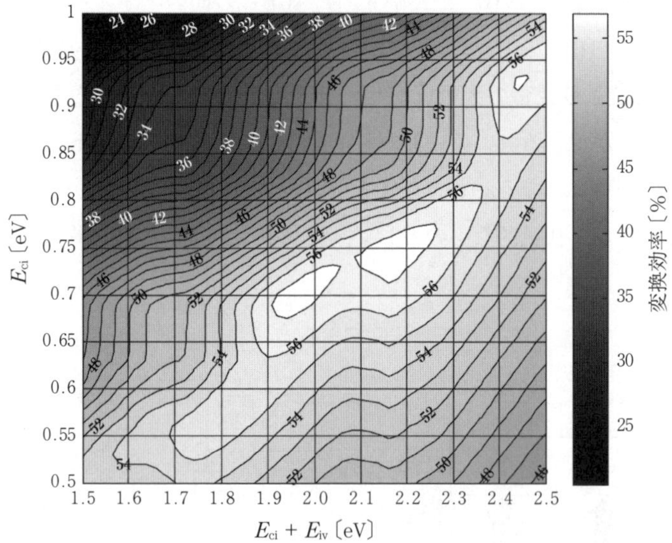

図 9.17　中間バンド型太陽電池の理論変換効率（詳細平衡モデル）

10 半導体の光導波路・光変調器

光導波路の代表的なデバイスとしては光ファイバがある。屈折率の大きなコアを屈折率の小さいクラッドで囲んだもので，コアとクラッドの界面における光の全反射を利用して光を伝搬させる。このような光導波路を半導体基板上に作製する技術は，半導体基板上の個別の光デバイス間を光導波路で接続し，光信号処理機能をもたせた光集積回路の基本技術としても重要である。本章では，半導体の光導波路および光変調器について解説する。

10.1　半導体光導波路

光導波路（optical waveguide）の代表的なデバイスとしては**光ファイバ**（optical fiber）がある。屈折率の大きなコアを屈折率の小さいクラッドで囲んだもので，コアとクラッドの界面における光の全反射を利用して光を伝搬させる。このような光導波路を半導体基板上に作製する技術は，半導体基板上の個別の光デバイス間を光導波路で接続し，光信号処理機能をもたせた**光集積回路**（optical integrated circuit）の基本技術としても重要である。

半導体光導波路には，7.3 節の半導体レーザでも述べたように，光共振器を構成する上でも活性層内に光を導波させる必要があり，光ファイバと同様にダブルヘテロ構造の屈折率差による光閉じ込め効果を利用した，**図 10.1**(a) のような**屈折率導波路**（index guiding）がある。他の導波路構造としては，図 (b) のように光学利得の大きい領域のみで光増幅を起こさせることで，結果的には利得の大きい領域に光が閉じ込められて伝搬していくように見える**利得導波路**（gain guiding）がある。

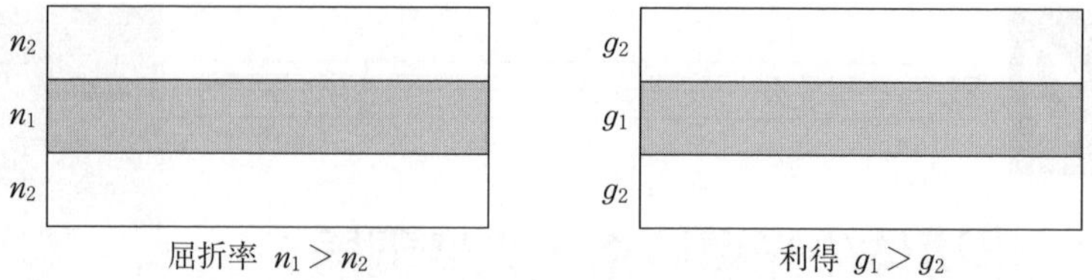

（a） 屈折率導波路　　（b） 利得導波路

図 10.1　半導体導波路構造

半導体ヘテロ構造だけでなく，Si 基板と誘電体（SiO_2，Al_2O_3 など）薄膜を組み合わせた種々の光導波路構造もある。**図 10.2** に示すように，Si 基板上に堆積（たいせき）した誘電体薄膜から成るリッジ形(a)や装荷形(b)，Si 基板に誘電体薄膜を部分的に埋め込んだ埋込み形(c)がある。

また，**図 10.3** のように，半導体基板上に 1 本の導波路からの光を複数の導

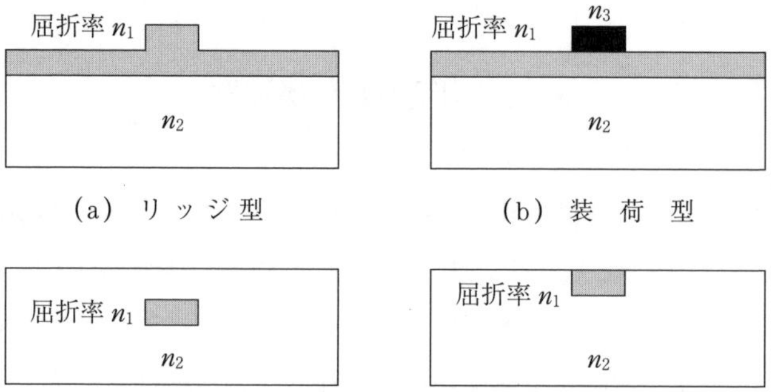

（a） リ ッ ジ 型　　（b） 装 荷 型

（c） 埋 込 み 型

図 10.2　半導体基板上に堆積した誘電体薄膜を用いた導波路構造

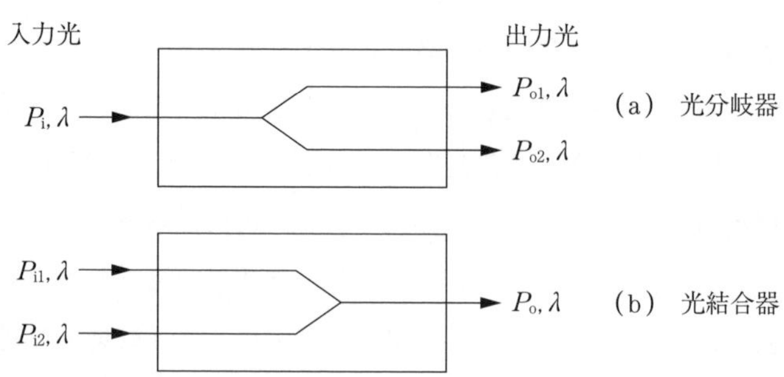

図 10.3　半導体基板上の導波路から構成された光分岐器(a)と光結合器(b)

波路に分ける光分岐 (a)，逆に，複数の光導波路からの光を合波させる光結合 (b) を目的とした光回路の構成にも用いられている。

10.2　半導体光変調器

7.3 節の半導体レーザでも述べたように，半導体レーザへの注入電流の変調信号により直接光強度を変化させる直接変調方式に対し，外部光変調方式は，外部からの変調入力（電圧または電流）により媒質の複素屈折率を変化させ，それによって入力光の振幅，周波数，位相，偏波面などを変調させるものである。直接変調では半導体レーザのチャーピングのために伝送速度が制限されるが，外部変調はより広帯域の変調特性が得られ，長距離の光通信にも利用されている。

複屈折率の実部である実屈折率は，電圧（電界）印加による**電気光学**（electro-optic，**EO**）**効果**，または電流注入によるプラズマ効果により変化させることができる。また，複屈折率の虚部である吸収係数は，電界印加による**電界吸収**（electro-absorption，**EA**）**効果**，または電流注入による自由キャリヤ吸収により変化させることができる。これらの効果を利用した光変調のうち，キャリヤの寿命時間に制限されない超高速の変調速度（数 Gb/s 以上）の実現には，EO 効果や EA 効果が適している。それぞれの効果による半導体光変調器について以下に説明する。

EO 効果は，物質の比誘電率 ε_r が外部電界 E によって変化する現象で，物質の屈折率を n とすると $n = (\varepsilon_r)^{1/2}$ より式 (10.1) のように表される。ここで，電界が零のときの屈折率を n_0 とし，電界の 1 次の比例係数 α を**ポッケルス**（Pockels）**係数**，電界の 2 次の比例定数 β を**カー**（Kerr）**係数**と呼び，屈折率が電界の 1 次に比例する効果を**ポッケルス効果**，2 次に比例する効果を**カー効果**という。

$$\frac{1}{\varepsilon_r} = \frac{1}{n^2} = \frac{1}{{n_0}^2} + \alpha E + \beta E^2 + \cdots \tag{10.1}$$

EO 効果による屈折率の変化を利用した光導波路型の光変調器として，**図 10.4** に示す**マッハ・ツェンダー**（Mach-Zehnder，**MZ**）**型**(a) と**方向性結合器**（directional coupler，**DC**）**型**(b) がある。マッハ・ツェンダー型では，1 本の光導波路の入力光を分岐し，2 本の導波路の屈折率変調領域に電界を印加することで位相差を与え，再び光結合させたときの干渉効果によって光出力を変調するものである。一方，方向性結合器型では，光導波路からの入力光を近接した屈折率変調領域に導入し，電界印加によって 2 本の近接した導波路間の結合を制御し，出力側の 2 本の光導波路からの光出射をスイッチさせるものである。

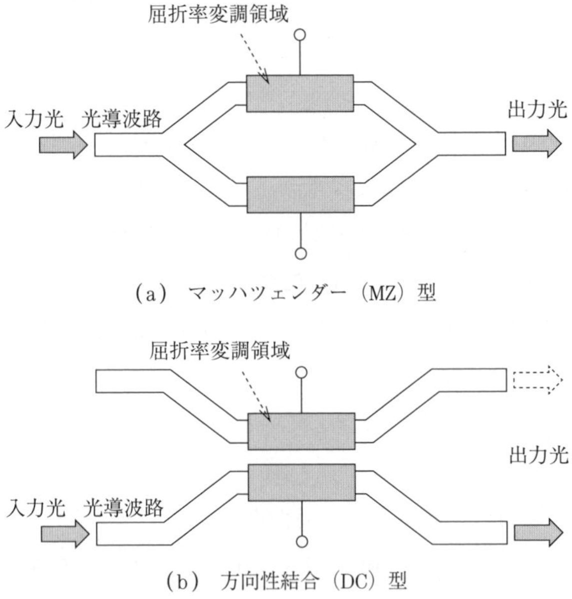

図 10.4　半導体光変調器

EA 効果には，バルク半導体に印加した電界によって光吸収端エネルギーが変化する**フランツ・ケルディッシュ効果**（Franz-Keldysh effect），および量子井戸層に印加した電界によって量子井戸内に閉じ込められた励起子の光吸収端エネルギーが変化する**量子閉じ込めシュタルク効果**（quantum confined Stark effect）と呼ばれる効果がある。フランツ・ケルディッシュ効果は，**図 10.5** に示すように，半導体に高電界を印加すると，価電子帯の電子の波動関数が禁制帯中に浸み出し，エネルギーギャップ E_g よりやや低いエネルギーで伝導帯への光励起が起こる現象である。また，量子閉じ込めシュタルク効果は，**図 10.6** のように量子井戸層に垂直に高い電界を印加することで，量子井戸内の励起子の束縛エネルギーが小さくなり，光吸収エネルギーが低エネルギー側に

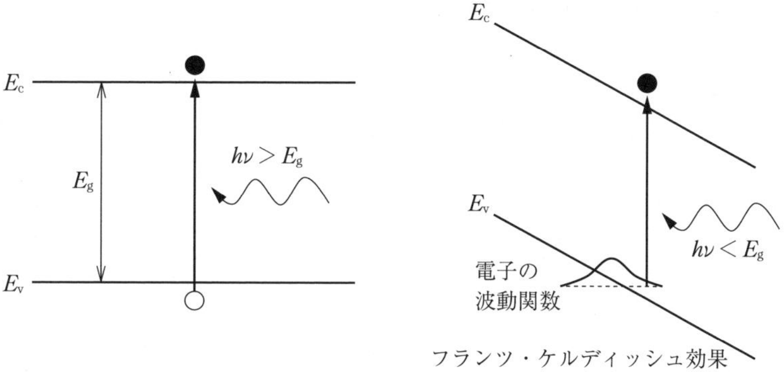

(a) 零 電 界　　(b) 強 電 界

図 10.5 半導体の電界吸収効果

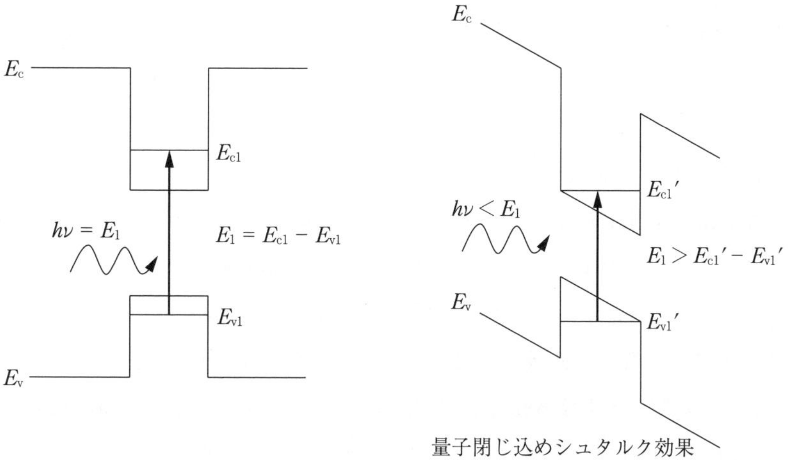

(a) 零 電 界　　(b) 強 電 界

図 10.6 量子井戸の電界吸収効果

シフトする効果である。この量子閉じ込めシュタルク効果における電界による低エネルギーシフト量は，バルク半導体のフランツ・ケルディッシュ効果に比べて大きいため，低電圧での動作が可能である。

EA効果を利用した光変調器における光吸収の印加電圧による変化の様子を，**図10.7**に示す。バイアス電圧 $V = 0$ のときの波長 λ における光吸収は小さいが，$V = V_b$ ではEA効果により光吸収が増強されるため，波長 λ の光信号の振幅をバイアス電圧によって変調することができる。

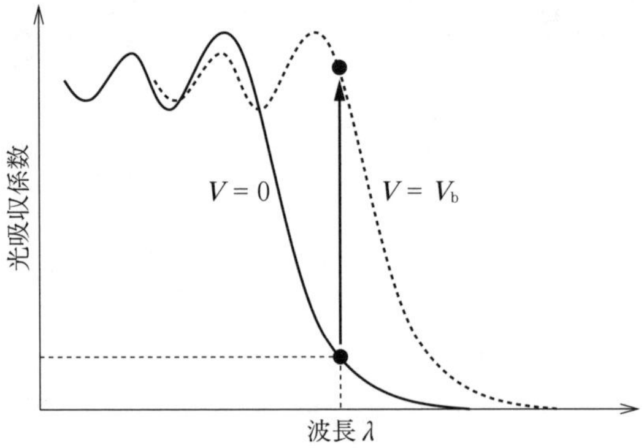

図10.7　電界吸収効果による光吸収係数の変化

図10.8(a)には，EA効果による光吸収係数の変化を利用した光導波路型の光変調器の構成図を示し，図(b)には，具体的な化合物半導体（InGaAsP/InP系）の結合光導波路と光変調器を集積化した構造の断面図を示す。InGaAsP/InPダブルヘテロ構造の光導波路からの入力光は，結合した光変調器部のInGaAs/InAlAs多重量子井戸（MQW）層で変調され，結合したInGaAsP/InP光導波路へ出力される。半導体光導波路と半導体光変調器だけでなく，半導体レーザの光源も集積化した半導体光変調器集積光源も開発されている。このように，半導体基板上に複数の半導体光デバイスを半導体光導波路で結合し集積化した回路構造を**半導体光集積回路**（semiconductor photonic integrated circuit，**SPIC**）と呼び，半導体基板上に光デバイスと電子デバイスを集積化したものを**光電子集積回路**（opto-electronic integrated circuit，**OEIC**）と呼ぶ。

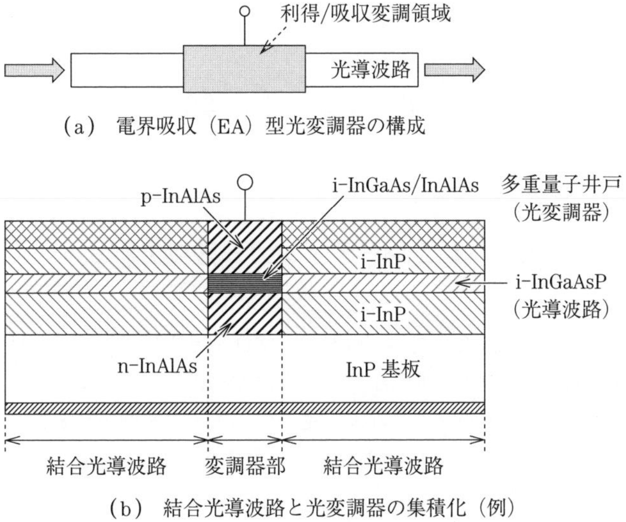

図 10.8 電界吸収 (EA) 型光変調器 (a) および結合光導波路と光変調器の集積化 (b)

付　　　録

A.1　シュレーディンガー波動方程式

アインシュタインの関係式 $E = \hbar\omega$ とド・ブロイの関係式 $p=\hbar k$ を満足する量子力学で扱われる微視的粒子（電子など）の波動方程式を，**シュレーディンガー波動方程式**（Schrödinger equation）と呼ぶ。電子の1次元の波動関数 ψ は，次式のように空間的な進行波成分と時間的な進行波成分の積で表される。

$$\psi(x,t) = \exp\{i(kx - \omega t)\} \tag{A.1}$$

式(A.1)の波動関数 ψ について時間 t の1階偏微分 $(-i\omega)\psi$ と空間 x の2階偏微分 $(-k^2)\psi$ を，古典的な1次元波動方程式(A.2)に代入すると，波の伝搬速度の2乗に相当する γ は，エネルギー $E = \hbar\omega$ と運動量 $p = \hbar k$ の関係式を用いて整理し，式(A.3)が得られる。

$$\frac{\partial\psi}{\partial t} = \gamma\frac{\partial^2\psi}{\partial x^2} \tag{A.2}$$

$$\gamma = \frac{i\omega}{k^2} = \frac{i\hbar^2\omega}{(\hbar k)^2} = \frac{i\hbar}{2m^*} \tag{A.3}$$

したがって，1次元のシュレーディンガー波動方程式は式(A.4)となり，また3次元では式(A.5)となる。

$$\frac{\partial\psi}{\partial t} = \frac{i\hbar}{2m^*}\frac{\partial^2\psi}{\partial x^2} \quad\rightarrow\quad i\hbar\frac{\partial\psi}{\partial t} = -\frac{\hbar^2}{2m^*}\frac{\partial^2\psi}{\partial x^2} \tag{A.4}$$

$$i\hbar\frac{\partial\psi}{\partial t} = -\frac{\hbar^2}{2m^*}\nabla^2\psi \tag{A.5}$$

ここで，式(A.6)および式(A.7)のように書けることから，それぞれ波動関数 ψ に対するエネルギー演算子および運動量演算子となる。

$$i\hbar\frac{\partial\psi}{\partial t} = i\hbar(-i\omega)\psi = \hbar\omega\psi = E\psi \tag{A.6}$$

$$-i\hbar\nabla\psi = -i\hbar(ik)\psi = \hbar k\psi = P\psi \tag{A.7}$$

電子の全エネルギーは運動エネルギーとポテンシャルエネルギー $U(\boldsymbol{r})$ の和で表されるので，<u>時間を含む3次元のシュレーディンガー波動方程式</u>は，式(A.5)にポテンシャルエネルギー演算子 U を付け加えることで式 (A.8) となる。

$$i\hbar\frac{\partial\psi}{\partial t} = -\frac{\hbar^2}{2m^*}\nabla^2\psi + U(\boldsymbol{r})\psi \tag{A.8}$$

一方，波動関数を $\psi(\boldsymbol{r},t) = \phi(\boldsymbol{r})f(t)$ とおくと，式 (A.8) は式 (A.9) となり，その両辺を波動関数 $\psi(r,t)$ で割ると式 (A.10) となる。

$$i\hbar\phi(\boldsymbol{r})\frac{\partial f(t)}{\partial t} = f(t)\left\{-\frac{\hbar^2}{2m^*}\nabla^2\phi(\boldsymbol{r}) + U(\boldsymbol{r})\phi(\boldsymbol{r})\right\} \tag{A.9}$$

$$i\hbar\frac{1}{f(t)}\frac{\partial f(t)}{\partial t} = \frac{1}{\phi(\boldsymbol{r})}\left\{-\frac{\hbar^2}{2m^*}\nabla^2\phi(\boldsymbol{r}) + U(\boldsymbol{r})\phi(\boldsymbol{r})\right\} = E \quad (一定) \tag{A.10}$$

ここで，この方程式の解が，$f(t) = C\exp(-iEt/\hbar) = C\exp(-i\omega t)$ のように時間に対して正弦的に変化する解であるとすると，式 (A.10) の左辺はエネルギー E の一定値となることがわかる。よって，時間を含まない定常状態の 3 次元のシュレーディンガー波動方程式は，結局，式 (A.11) のように表される。

$$-\frac{\hbar^2}{2m^*}\nabla^2\phi(\boldsymbol{r}) + U(\boldsymbol{r})\phi(\boldsymbol{r}) = E\phi(\boldsymbol{r}) \tag{A.11}$$

A.2　波束と不確定性原理

電子の波動関数は，ブロッホ関数のように空間全体に広がった波を表しているが，電子が古典的な粒子のように振る舞うときは，**図 A.1** (a) のように，任意の時刻において空間的な広がりは有限でなければならない。

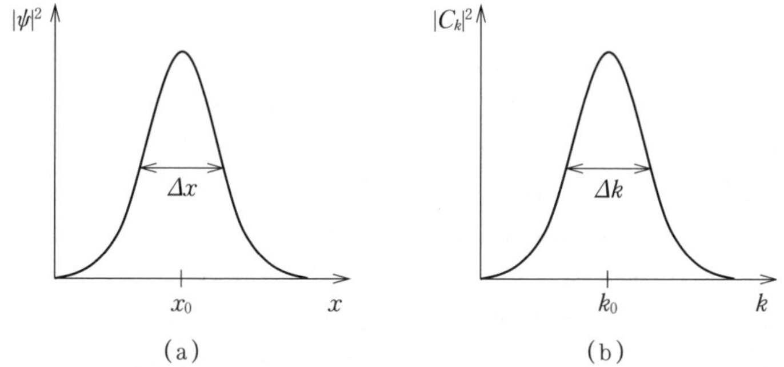

図 A.1　不確定性原理（電子の波動関数の空間的広がり (a) と波数の広がり (b) の関係）

このような波を**波束**と呼び，一般に式 (A.12) のように正弦波 $\exp\{i(kx - \omega_k t)\}$ の線形結合で表され，フーリエ変換の関係にある。つまり，図 (b) のようなフーリエ係数 $C_k(t)$ をもつさまざまな波数 k の有限な範囲の電子波を重ね合わせると，図 (a)

のような空間的に有限な領域に存在する波束が形成されることが数学的に導かれる。また，波束の位置 x の広がり（不確定性）Δx と波数 k の広がり（不確定性）Δk の間には，式 (A.13a) の関係があり，両辺に $\hbar$ を掛けると，電子の位置と運動量の間には式 (A.13b) の関係が成立する。この関係式のことを**不確定性原理**という。

$$\psi(x,t) = \sum_k C_k(t)\exp\{i(kx - \omega_k t)\} \tag{A.12}$$

$$\Delta x \Delta k \sim \frac{1}{2} \tag{A.13a}$$

$$\Delta x \Delta p \sim \frac{\hbar}{2} \tag{A.13b}$$

この不確定性原理は，電子の位置と運動量のいずれか一方を確定しようとすると他方が不確定になり，両者を独立に確定することはできないことを意味している。

また，電子波の時刻 t と角周波数 ω の間にも，式 (A.14a) の不確定性関係があることが数学的に導かれ，同じく両辺に $\hbar$ を掛けると，式 (A.14b) の電子の時刻とエネルギーの間の不確定性原理が成立する。

$$\Delta t \Delta \omega \sim \frac{1}{2} \tag{A.14a}$$

$$\Delta t \Delta E \sim \frac{\hbar}{2} \tag{A.14b}$$

A.3　ダイヤモンド構造と閃(せん)亜鉛鉱構造

半導体の代表的な結晶構造として，Si や Ge のⅣ族元素の単元素半導体に見られるダイヤモンド構造と，GaAs や InP などのⅢ–Ⅴ族化合物半導体の多くに見られる閃亜鉛鉱構造がある。**図 A.2** (a) に示す Si のダイヤモンド構造は，図 (b) に示すように二つの面心立方副格子を相対的に体対角線の方向に 1/4 周期ずらしたもので，一つの副格子の各原子の周りには他の副格子の 4 個の原子が正四面体配位をしていて，各正四面体は同じ方向を向いている。周りの副格子を中心にした正四面体を見るとその向きは異なり，この意味において二つの副格子の原子は等価ではない。

一方，**図 A.3** に示す GaAs の閃亜鉛鉱構造は，ダイヤモンド構造における一つの副格子に Ga 原子を，もう一つの副格子に As 原子をそれぞれ配列したもので，一つの Ga 原子の周りには As 原子が正四面体配位をしている構造である。

以上のように，ダイヤモンド構造，閃亜鉛鉱構造において，4 個の原子を四面体の頂点の位置に配置しているのは，構成原子の平均原子価が 4 であることと関係があ

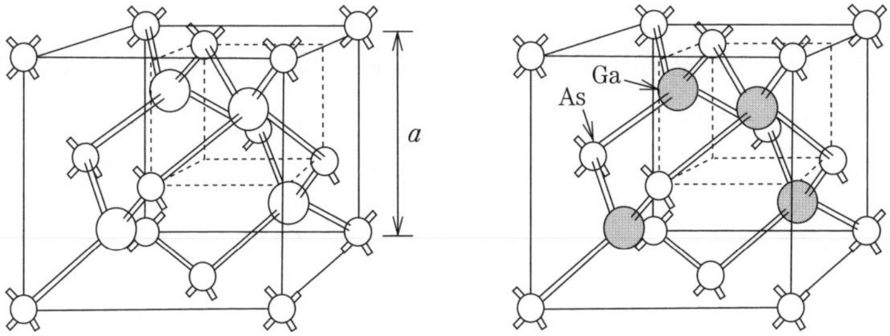

(a)　　　　(b)

図 A.2　ダイヤモンド構造(a)と閃亜鉛鉱構造（GaAs）(b)

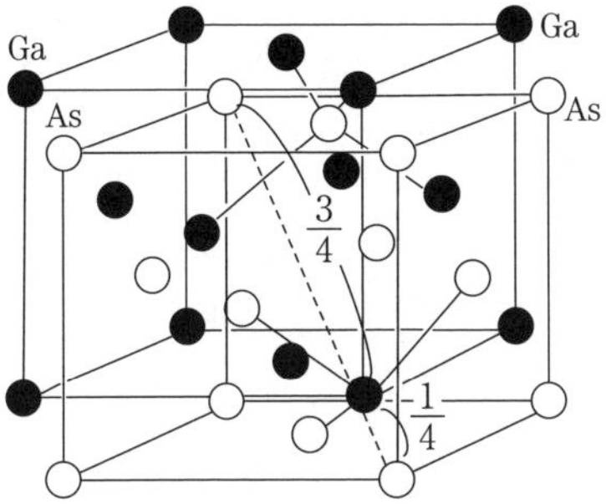

図 A.3　二つの面心立方格子を重ね合わせた閃亜鉛鉱構造（GaAs）

る。つまり，この結晶構造ではsp3混成軌道と呼ばれる四つの波動関数が安定な状態となり，原点を重心とする正四面体の四つの頂点の方向へ伸びた方向性軌道によって結合した構造となる。

A.4　物 理 定 数 表

物　理　量	記　号	数　値	単　位
電子の電荷量	e	1.602×10^{-19}	C
電子の静止質量	m	9.109×10^{-31}	kg
ボルツマン定数	k_B	1.380×10^{-23}	J/K
プランク定数	h	6.626×10^{-34}	J·s
	$\hbar$	1.045×10^{-34}	J·s
真空中の誘電率	ε_0	8.854×10^{-12}	F/m
真空中の透磁率	μ_0	$4\pi \times 10^{-7}$	H/m
真空中の光速	c	2.998×10^{8}	m/s
300 K の熱エネルギー	$k_B T$	0.025 9	eV
1 電子ボルトの波長	λ	1.24×10^{-6}	m

A.5　各種半導体の室温における物性定数（バンドギャップの大きい順）

半導体材料（結晶構造）	バンドギャップ〔eV〕（遷移型）	比誘電率〔ε_s〕	格子定数〔Å〕	移動度〔$cm^2/(V\cdot s)$〕		有効質量〔m_0〕	
				μ_n	μ_p	m_n	m_p
BN (ZB)	6.4	7.1	3.62				
AlN (W)	6.2 (D)	5.066 ⊥6.85	a = 3.112 c = 4.980				
C (D)	5.50 (I)	5.57	3.57	1 800	1 600	0.2	0.75
BN (W)	4～5	～5	a = 2.55 c = 4.08				
SiC (W)	3.86 (I)	10	a = 3.08 c = 15.08	460		0.6	1
ZnS (ZB)	3.68 (D)	5.2	5.42	165	5		
GaN (ZB)	3.44 (D)		4.42				
ZnO (ZB)	3.35 (D)	9	4.58	200	180	0.24	1.8
GaN (W)	3.28 (D)	∥10.4 ⊥9.5	a = 3.189 c = 5.185			0.19	0.6
ZnSe (ZB)	2.7 (D)	9.1	5.67	500	30	0.21	0.6
GaP (ZB)	2.66 (I)	11.1	5.45	110	75	0.82	0.6
AlP (ZB)	2.45 (I)	9.8	5.46				
CdS (ZB)	2.42 (D)	5.4	5.82	340	50	0.21	0.8
BP (ZB)	2.4 (I)	11	4.54				
ZnTe (ZB)	2.26 (D)	7.4	6.1	350	100	0.2	0.2
SiC (ZB)	2.2 (I)	10	4.35	950	50		
InN (ZB)	2.2		5				
AlAs (ZB)	2.14 (I)	10.1	5.66	400		0.1	
InN (W)	2.0		a = 3.54 c = 5.7				
AlSb (ZB)	1.62 (I)	14.4	6.13	200	420	0.12	0.98
CdTe (ZB)	1.48 (D)	10.2	6.48	1 050	60	0.14	0.37
GaAs (ZB)	1.43 (D)	13.1	5.63	8 500	400	0.068	m_{lh} = 0.12 m_{hh} = 0.5
InP (ZB)	1.35 (D)	12.4	5.86	4 600	150	0.073	0.64
Si (D)	1.12 (I)	11.9	5.43	1 450	450	m_l = 0.98 m_t = 0.19	m_{lh} = 0.16 m_{hh} = 0.49
GaSb (ZB)	0.72 (D)	15.7	6.09	5 000	850	0.042	0.4
Ge (D)	0.66 (I)	16	5.64	3 900	1 900	m_l = 1.64 m_t = 0.082	m_{lh} = 0.044 m_{lh} = 0.044
PbS (C)	0.41 (I)	170 ?	5.93	600	700	m_l = 0.105 m_t = 0.080	
InAs (ZB)	0.36 (D)	14.6	6.05	33 000	460		
PbTe (C)	0.31 (I)	414 ?	6.46	6 000	4 000	0.22	0.29
PbSe (C)	0.278 (I)	210 ?	6.12				
InSb (ZB)	0.17 (D)	17.7	6.47	80 000	1 250	0.13	0.4

【結晶構造】 (D)：ダイヤモンド，(ZB)：閃亜鉛鉱，(W)：ウルツ鉱，(C)：立方晶

【バンドギャップ】 (D)：直接遷移型，(I)：間接遷移型

【有効質量】 E-k 分散の波数 k の方向によって電子の有効質量が異なり，重いほうを m_l，軽いほうを m_t としている。

参　考　文　献

1)　阿部正紀：電子物性概論 ―量子論の基礎―，培風館（1990）

2)　高橋　清：半導体工学 ―半導体物性の基礎―，森北出版（1975）

3)　安永　均，岡本孝太郎，森崎　弘：半導体工学，近代科学社（1991）

4)　S.M. SZE：Semiconductor Devices ―Physics and Technology― 2nd Edition, JOHN WILEY & SONS, INC.（1985）

5)　末松安晴：光デバイス，コロナ社（1986）

6)　木村忠正：電子デバイス，朝倉書店（2001）

7)　斉藤　博，今井和明，大石正和，澤田孝幸，鈴木和彦：入門 固体物性 ―基礎からデバイスまで―，共立出版（1997）

8)　沼居貴陽：半導体レーザー工学の基礎，丸善（1996）

9)　米津宏雄：光通信素子工学 ―発光・受光素子―，工学図書（1984）

10)　小林功郎：光集積デバイス，共立出版（1999）

11)　岡本　紘：超格子構造の光物性と応用，コロナ社（1988）

12)　宇佐美徳隆，石原照也，中嶋一雄 監訳：太陽電池の物理，丸善（2010）

索　　　　引

—— **著者略歴** ——

1984年　電気通信大学電気通信学部通信工学科卒業
1986年　電気通信大学大学院修士課程修了（通信工学専攻）
1986年　電気通信大学助手
1993年　博士（工学）（東京大学）
1995年　電気通信大学助教授
1997年　電気通信大学准教授
2008年　電気通信大学教授
　　　　現在に至る

半導体光デバイス
Semiconductor Photonic Device

2020年8月7日　初版第1刷発行　★

検印省略

著　者　山口　浩一（やまぐち　こういち）
発行者　株式会社　コロナ社
　　　　代表者　牛来真也
印刷所　新日本印刷株式会社
製本所　有限会社　愛千製本所

112-0011　東京都文京区千石 4-46-10
発行所　株式会社　**コロナ社**
CORONA PUBLISHING CO., LTD.
Tokyo Japan
振替 00140-8-14844・電話(03)3941-3131(代)
ホームページ　https://www.coronasha.co.jp

ISBN 978-4-339-00934-7　C3055　Printed in Japan　（金）

	配本順			頁	本体
C-6	(第17回)	インターネット工学	後藤滋樹・外山勝保共著	162	2800円
C-7	(第3回)	画像・メディア工学	吹抜敬彦著	182	2900円
C-8	(第32回)	音声・言語処理	広瀬啓吉著	140	2400円
C-9	(第11回)	コンピュータアーキテクチャ	坂井修一著	158	2700円
C-13	(第31回)	集積回路設計	浅田邦博著	208	3600円
C-14	(第27回)	電子デバイス	和保孝夫著	198	3200円
C-15	(第8回)	光・電磁波工学	鹿子嶋憲一著	200	3300円
C-16	(第28回)	電子物性工学	奥村次徳著	160	2800円

展開

D-3	(第22回)	非線形理論	香田徹著	208	3600円
D-5	(第23回)	モバイルコミュニケーション	中川正雄・大槻知明共著	176	3000円
D-8	(第12回)	現代暗号の基礎数理	黒澤馨・尾形わかは共著	198	3100円
D-11	(第18回)	結像光学の基礎	本田捷夫著	174	3000円
D-14	(第5回)	並列分散処理	谷口秀夫著	148	2300円
D-15	(第37回)	電波システム工学	唐沢好男・藤井威生共著	近刊	
D-16		電磁環境工学	徳田正満著		
D-17	(第16回)	VLSI工学 —基礎・設計編—	岩田穆著	182	3100円
D-18	(第10回)	超高速エレクトロニクス	中村徹・三島友義共著	158	2600円
D-23	(第24回)	バイオ情報学 —パーソナルゲノム解析から生体シミュレーションまで—	小長谷明彦著	172	3000円
D-24	(第7回)	脳工学	武田常広著	240	3800円
D-25	(第34回)	福祉工学の基礎	伊福部達著	236	4100円
D-27	(第15回)	VLSI工学 —製造プロセス編—	角南英夫著	204	3300円

定価は本体価格+税です。
定価は変更されることがありますのでご了承下さい。

電気・電子系教科書シリーズ

(各巻A5判)

■編集委員長　高橋　寛
■幹　　　事　湯田幸八
■編 集 委 員　江間　敏・竹下鉄夫・多田泰芳
　　　　　　　中澤達夫・西山明彦

配本順		書名	著者	頁	本体
1.	(16回)	電気基礎	柴田尚志・皆藤新一 共著	252	3000円
2.	(14回)	電磁気学	多田泰芳・柴田尚志 共著	304	3600円
3.	(21回)	電気回路Ⅰ	柴田尚志 著	248	3000円
4.	(3回)	電気回路Ⅱ	遠藤　勲・鈴木　靖 共著	208	2600円
5.	(29回)	電気・電子計測工学(改訂版) —新SI対応—	吉澤昌純 編著／降矢典雄・福田恵子・吉村拓巳・高﨑和之・西山明彦 共著	222	2800円
6.	(8回)	制御工学	下西二郎・奥平鎮正 共著	216	2600円
7.	(18回)	ディジタル制御	青木　立・西堀俊幸 共著	202	2500円
8.	(25回)	ロボット工学	白水俊次 著	240	3000円
9.	(1回)	電子工学基礎	中澤達夫・藤原勝幸 共著	174	2200円
10.	(6回)	半導体工学	渡辺英夫 著	160	2000円
11.	(15回)	電気・電子材料	中澤・藤原・押田・服部・森山 共著	208	2500円
12.	(13回)	電子回路	須田健二・土田英一 共著	238	2800円
13.	(2回)	ディジタル回路	伊原充博・若海弘夫・吉澤昌純 共著	240	2800円
14.	(11回)	情報リテラシー入門	室賀進也・山下　巌 共著	176	2200円
15.	(19回)	C++プログラミング入門	湯田幸八 著	256	2800円
16.	(22回)	マイクロコンピュータ制御プログラミング入門	柚賀正光・千代谷慶 共著	244	3000円
17.	(17回)	計算機システム(改訂版)	春日　健・舘泉雄治 共著	240	2800円
18.	(10回)	アルゴリズムとデータ構造	湯田幸八・伊原充博 共著	252	3000円
19.	(7回)	電気機器工学	前田　勉・新谷邦弘 共著	222	2700円
20.	(9回)	パワーエレクトロニクス	江間　敏・高橋　勲 共著	202	2500円
21.	(28回)	電力工学(改訂版)	江間　敏・甲斐隆章 共著	296	3000円
22.	(5回)	情報理論	三木成彦・吉川英機 共著	216	2600円
23.	(26回)	通信工学	竹下鉄夫・吉川英機 共著	198	2500円
24.	(24回)	電波工学	松田豊稔・宮田克正・南部幸久 共著	238	2800円
25.	(23回)	情報通信システム(改訂版)	岡田　正・桑原裕史 共著	206	2500円
26.	(20回)	高電圧工学	植月唯夫・松原孝史・箕田充志 共著	216	2800円

定価は本体価格+税です。
定価は変更されることがありますのでご了承下さい。

図書目録進呈◆